Wissenschaftliche Taschenbücher WTB

Mathematik · Physik

Robert Rompe
Hans-Jürgen Treder

Über Physik

Akademie-Verlag · Berlin

WTB Wissenschaftliche Taschenbücher

Eine Auswahl lieferbarer Bände:

Joachim Auth / Dietmar Genzow
Klaus H. Herrmann
Photoelektrische Erscheinungen

Hans Bandemer
Andreas Bellmann
Wolfhart Jung / Klaus Richter
Optimale Versuchsplanung

Frank Beichelt
Prophylaktische Erneuerung von Systemen

Joachim Bellach / Peter Franken
Elke Warmuth / Walter Warmuth
Maß, Integral und bedingter Erwartungswert

Wolfram Brauer
Hans-Waldemar Streitwolf
Theoretische Grundlagen der Halbleiterphysik

Siegfried Brehmer
Einführung in die Maßtheorie

Siegfried Brehmer
Hilbert-Räume und Spektralmaße

John Cunningham
Vektoren

Georg Dautcourt
Relativistische Astrophysik

K. Ch. Delokarov
Relativitätstheorie und Materialismus

Werner Dück
Diskrete Optimierung

Hannelore Fischer
Joachim Piehler
Modellsysteme der Operationsforschung

Gottfried Fritzsche
Grundlagen und Entwurf passiver Analogzweipole
Netzwerke I
Entwurf passiver Analogvierpole
Netzwerke II

Herbert Goering
Asymptotische Methoden zur Lösung von Differentialgleichungen

Herbert Goering
Elementare Methoden zur Lösung von Differentialgleichungsproblemen

Eduard Herlt / Nikolaus Salié
Spezielle Relativitätstheorie

Helmut Hess
Der elektrische Durchschlag in Gasen

V. I. Karpman
Nichtlineare Wellen in dispersiven Medien

Ulrich Kausmann
Klaus Lommatzsch
František Nožička
Lineare parametrische Optimierung

A. R. Kessel
Akustische Kernresonanz

Konrad Kreher
Festkörperphysik

Dieter Kress
Theoretische Grundlagen der Signal- und Informationsübertragung

DIETER LEUSCHNER
Grundbegriffe der Thermodynamik

V. S. LETOCHOW
Laserspektroskopie

DIERCK-EKKEHARD LIEBSCHER
Relativitätstheorie mit Zirkel und Lineal

WOLFGANG MEILING
Digitalrechner in der elektronischen Meßtechnik
Teil 1: Meßmethodik
Teil 2: Gerätetechnik und Anwendungen

L. I. MIROSCHNITSCHENKO
Kosmische Strahlen im interplanetaren Raum

PETER PAUFLER
GUSTAV E. R. SCHULZE
Physikalische Grundlagen mechanischer Festkörpereigenschaften
Teil I und II

ULRICH RÖSEBERG
Quantenmechanik und Philosophie

ALBRECHT ROST
Messung dielektrischer Stoffeigenschaften

J. V. SAČKOV
Wahrscheinlichkeit und Struktur

E. M. SAWIZKI
Perspektiven der Metallforschung

WOLFGANG SCHÄFER
Theoretische Grundlagen der Stabilität technischer Systeme

ERNST SCHMUTZER
Symmetrien und Erhaltungssätze der Physik

VOLKMAR SCHURICHT
Kernexplosionen für friedliche Zwecke

NORBERT SIEBER
HANS-PETER LEIDHOLD
Einführung in die Datenverarbeitung

GERHARD WUNSCH
Zellulare Systeme

Festkörperphysik
Entwicklungstendenzen und Anwendungsmöglichkeiten

Die Schöpfer der physikalischen Optik
Eine Artikelsammlung

HANS-GEORG SCHÖPF
Von Kirchhoff bis Planck

RENATE WAHSNER
Mensch und Kosmos
Die copernicanische Wende

HELMUT FRIEMEL / JOSEF BROCK
Grundlagen der Immunologie

EBERHARD HOFMANN
Funktionelle Biochemie des Menschen
Band 1 und 2

LOTHAR JÄGER
Grundlagen der Klinischen Immunologie

KARLHEINZ LOHS
DIETER MARTINETZ
Entgiftung – Mittel, Methoden und Probleme

JOACHIM NITSCHMANN
Entwicklung bei Mensch und Tier

STEPHAN SCHNITZLER
Pharmakologische Aspekte von Immunreaktionen

DIETER SPAAR
HELMUT KLEINHEMPEL
HANS-JOACHIM MÜLLER
KLAUS NAUMANN
Bakteriosen der Kulturpflanzen

EBERHARD TEUSCHER
Pharmakognosie
Teil I–III

MICHAEL THEILE
SIEGFRIED SCHERNECK
Zellgenetik

HEINRICH BREMER
KLAUS-PETER WENDLANDT
Heterogene Katalyse

PETER BIRNER
HANS-JÖRG HOFMANN
CORNELIUS WEISS
MO-theoretische Methoden in der organischen Chemie

GÜNTER EPPERT
Einführung in die Schnelle Flüssigchromatographie

GERHARD GEISELER / HEINZ SEIDEL
Die Wasserstoffbrückenbindung

HELMUT HRAPIA
Einführung in die Chromatographie

HANS LUPPA
Grundlagen der Histochemie
Teil I und II

BURKART PHILIPP
GERHARD REINISCH
Grundlagen der makromolekularen Chemie

HORST REMANE / RAINER HERZSCHUH
Massenspektrometrie in der organischen Chemie

ADOLF ZSCHUNKE
Kernmagnetische Resonanzspektroskopie in der organischen Chemie

Vorschau auf die nächsten Bände:

HEINRICH ARNOLD
Physikalische Chemie der Halbleiter

HORST-HEINO VON BORZESZKOWSKI
RENATE WASHNER
Newton und Voltaire

WERNER DÖPKE
Dynamische Aspekte der Stereochemie organischer Verbindungen

GOTTFRIED FRITZSCHE
Entwurf aktiver Analogsysteme
Netzwerke III

FALKO HERRMANN
MARINA HERRMANN
Das Hämoglobin des Menschen

GERHARD JACKISCH
Johann Heinrich Lamberts „Cosmologische Briefe“ mit Beiträgen zur Frühgeschichte der Kosmologie

HASSO MEINERT
Fluorchemie

Das Neutron
Eine Artikelsammlung

VOLKER NOLLAU
Semi-Markovsche Prozesse

DIETER ONKEN
Antibiotika – Chemie und Anwendung

RAINER SINZ
Chronopsychophysiologie, Chronobiologie und Chronomedizin

HUBERTUS STOLZ
Supraleitung

WTB

BAND 107

Robert Rompe / Hans-Jürgen Treder

Über Physik

Studien zu ihrer Stellung in Wissenschaft und Gesellschaft

AKADEMIE-VERLAG · BERLIN

Reihe MATHEMATIK UND PHYSIK

Herausgeber:
Prof. Dr. phil. habil. W. Holzmüller, Leipzig
Prof. Dr. phil. habil. A. Lösche, Leipzig
Prof. Dr. phil. habil. H. Reichardt, Berlin
Prof. Dr. rer. nat. habil. H.-J. Treder, Potsdam

Verfasser:

Prof. Dr. phil. habil. Dr. rer nat. h. c.
Dr.-Ing. e. h. Robert Rompe
Ordentliches Mitglied der Akademie der Wissenschaften der DDR

Prof. Dr. rer. nat. habil.
Dr. rer. nat. e. h. Hans-Jürgen Treder
Ordentliches Mitglied der Akademie der Wissenschaften der DDR

1979
Erschienen im Akademie-Verlag, 108 Berlin, Leipziger Straße 3–4

Lizenznummer: 202 · 100/424/79
Herstellung: VEB Druckhaus „Maxim Gorki", 74 Altenburg
Bestellnummer: 762 683 6 (7107) · LSV 1104
Printed in GDR
DDR 8,– M

Inhaltsverzeichnis

„Ich bin ein Physiker“.
J. W. RITTER (1776–1810)

1. Einleitung

Die im folgenden abgedruckten Beiträge sind aus Diskussionen der Klasse Physik der Akademie der Wissenschaften der DDR entstanden, die von verschiedenen Ausgangspunkten her eine Verständigung über Grundfragen der Physik anstrebten. Sie wurden als Preprinte des Zentralinstituts für Elektronenphysik einem weiteren Kreis von Interessenten zugänglich gemacht. Der zweite Beitrag wurde gemeinsam mit J. AUTH abgefaßt. Inzwischen verstärkte sich die Nachfrage, so daß nach neuen Wegen der Weiterführung des Meinungsaustausches gesucht werden mußte. Hier kam uns das Anerbieten des Akademie-Verlages entgegen, das Material in einem Bändchen der WTB zu veröffentlichen.

Wir haben den Text der Beiträge nicht wesentlich geändert, sondern nur, um die Verständigung für einen weiteren Kreis zu erleichtern, eine Einleitung vorangestellt und ein Verzeichnis der benutzten Literatur angeschlossen.

Obgleich unsere Beiträge nicht den Anspruch erheben, von Philosophen beachtet zu werden, sind unsere Aussagen philosophisch nicht neutral. Auch wenn wir die Klassiker des Marxismus-Leninismus nicht explizit zitieren, soll doch deutlich werden, daß wir von den Positionen des dialektischen und historischen Materialismus aus argumentieren: Die Unerschöpflichkeit der Wirklichkeit, das unbegrenzte Fortschreiten unserer Erkenntnisse von Stufe zu Stufe, die Dialektik in der Wirklichkeit, die sich vielfältig in unserem Denken, in der Gültigkeit und Tragfähigkeit unserer Aussagen widerspiegelt, zieht sich als roter Faden durch unsere Überlegungen. „Der

Leser soll unserer Meinung nach Interesse für physikalische und philosophische Gedankengänge mitbringen", wie dies sich EINSTEIN und INFELD 1938 von dem „idealen Leser" ihres klassischen Buches über „Die Physik als Abenteuer der Erkenntnis" (späterer Titel „Die Evolution der Physik") erhofften.

Wir würden uns freuen, wenn unsere Beiträge nicht nur den Physikern manches in Erinnerung bringen, sondern zu ihrem Teile auch das Gespräch mit den Philosophen beleben würden, welches die Physiker suchen und für produktiv halten, je mehr sie sich nach dem VIII. und IX. Parteitag der SED für die gesellschaftliche Wirksamkeit ihrer Disziplin interessieren und einsetzen und je mehr sie sich ihrer Verantwortung als Träger von Kenntnissen und Fertigkeiten bewußt werden, die die Physik der Menschheit auf dem Wege des Friedens, des Sozialismus-Kommunismus, der Überwindung des Imperialismus und des Mißbrauchs der Wissenschaft zu bieten hat. Hier entstehen die tiefen ideologischen Probleme des Verhältnisses von wissenschaftlicher und gesellschaftlicher Relevanz, der Bewertung wissenschaftlicher Ergebnisse, der Einstufung der Leistungen einzelner Wissenschaftler, von Kollektiven, von Instituten. Hier gibt es einen unerschöpflichen Vorrat an Fragen, die gemeinsam von Physikern und Philosophen behandelt werden sollten und wo die Physiker die Philosophen als Verbündete brauchen, wie bei der Durchsetzung einer Auffassung von Fundamentalität wissenschaftlicher Probleme, die die von uns gewünschte gesellschaftliche Entwicklung fördern — und nicht Profitinteressen der Monopole unmittelbar und mittelbar dienen. Auch dort ist seit der Gründung der Rockefeller- und Carnegie-Stiftung in den USA am Anfang unseres Jahrhunderts und der KWG im Kaiserlichen Deutschland die Entwicklung weitergegangen und hat neue leistungsfähige Formen der Manipulierung wissenschaftlicher Aktivitäten im Sinne der dort herrschenden Gesellschaftsformation hervorgebracht. Wenn wir sagen, daß wir nicht bestrebt sind, einen abstrakten

Fortschritt zu entwickeln, sondern konkret das Leben der Menschen zu sichern, zu verbessern, zu bereichern, so muß das sinngemäß für die Wissenschaft gelten als Motor des wissenschaftlich-technischen Fortschritts: auch sie muß konkreten „diesseitigen" Zielen dienen.

Es ist zweckmäßig, daran zu erinnern, daß die moderne Physik mit ihren beispiellosen Möglichkeiten, die Entwicklung aller naturwissenschaftlichen Disziplinen zu beschleunigen und große neue Gebiete der Technik mit eminenter gesellschaftlicher Auswirkung zu schaffen, in einer historisch unglaublich kurzen Zeit von 1890 bis 1930 entstanden ist. Wir wollen nicht wiederholen, was über diese glorreiche Epoche der Physik gesagt wurde, auch wir haben einiges dazu gesagt. Wir glauben, daß das historische Bewußtsein für das Entstehen dieser wunderbaren Schöpfung menschlichen Geistes und ihrer gesellschaftlichen Bedingtheit und Bedeutung so wertvoll ist, daß es nicht verlorengehen darf. Diese Mahnung ist sicher auch deshalb angebracht, weil der historische Horizont unserer jungen Kollegen, wie aus der Statistik der Zitierungen hervorgeht, sich auf 5—7 Jahre reduziert hat, offenbar im Zuge einer Mode, für die schwer eine rationale Begründung gegeben werden kann.

E. Schrödinger hat hierzu einige bemerkenswerte Hinweise gegeben: "Physical science, which seems not only at devising fascinating new experiments, but a obtaining a rational understanding of the results of observations, incurs at present, so I believe, the grave danger of getting severed from its historical background. The innovations of thought in the last 50 years, great and momentous and unavoidable as they were, are usually compared with those of the preceding conture: and the disproportionate foreshortening by timeperspecitve, of previous achievement on which all our englightenment in modern times depends, reaches a disconcerting degree according as earlier and earlier centuries are considered. Along with this disregard for historical linkage there is a tendency to forget that all science is bound up with human culture in general, and that scientific findings, even those which at the moment appear the most advanced and esoteric and difficult to grasp, are meaningless outside their cultural context. A theoretical science, unaware that those of its constructs considered relevant and momentous are destined eventually to be framed in concepts and words that have a grip on the educated community and become part and parcel of the general world picture — a theoretical science, I say, where this is forgotten, and where the insisted continue musing to each other in terms that are, at best, understood by a small group of close fellow travellers, will necessarily be cut off from the rest of cultural mankind: in the long run it is bound to atrophy and ossify, however virulently esoteric chat may continue within its joyfully isolated groupe of experts. This has happened before in similar circumstances".

Bestärkt haben uns in unseren Überlegungen die vielen unseren Gegenstand betreffenden Bemerkungen, die sich im von M. Born veröffentlichten Schriftwechsel mit A. Einstein fanden, die „Acht Vorlesungen über theoretische Physik" aus dem Jahre 1908 von M. Planck und insbesondere auch die Faraday-Lectures von N. Bohr in Oxford von 1930. Diese Beiträge erfüllen zweifellos die Schrödingersche Forderung, sie stellen den Fortschritt und die Aussagekraft der Physik in ihrer ganzen Dialektik und Komplexität dar, in einer Sprache, verständlich für alle Träger unserer Kultur. Das ist keineswegs nur aus Gründen der wissenschaftlichen Meinungsbildung bedeutungsvoll. Wir erinnern an den Versuch Sun Yat-sens nach der Revolution von 1911 in China: „Wir wollen die moderne Technik meistern und unsere alte chinesische Kultur bewahren". Sehr schnell zeigte es sich, daß die moderne Technik nicht so einfach ohne die stillschweigende Übernahme von erheblichen Teilen des kulturellen Hintergrundes übertragbar war, auf dem diese Technik historisch entstand, und so blieb das Experiment ohne Erfolg.

Die überlegende Leistungsfähigkeit der wissenschaftlichen Kultur liegt im Wahrheitsgehalt der Wissenschaften begründet. Das Kriterium von ENGELS für die Wahrheit der Naturforschung, ihre Leistungen für die menschliche Gesellschaft, besagt gerade, daß diese gesellschaftliche Wirksamkeit umso bedeutender wird, je mehr Inhalt und Methoden der Physik die Naturgesetze widerspiegeln.

Die Fähigkeit der Physik, objektive Wahrheiten auszusagen, kommt aber — dies betonten EINSTEIN und SCHRÖDINGER — nicht nur und auch nicht vorzüglich in einer Menge von Einzelerkenntnissen zum Ausdruck, sondern betrifft die Wissenschaft in toto mit all ihren Denkansätzen und Arbeitsweisen. Die methodischen Voraussetzungen der physikalischen Erkenntnisse, wie die der Objektivierbarkeit und Reproduzierbarkeit der Meßdaten und die der Unabhängigkeit des Wahrheitsgehaltes einer Aussage von der Person ihres Autors, sind nicht irgendeine spezielle Weltansicht, sondern vielmehr notwendige Voraussetzungen für eine objektive Widerspiegelung der Welt im menschlichen Bewußtsein. — Die von der Physik kultivierte Forschungsmethodik ist nicht irgendein, sondern der einzig mögliche Weg zur exakten Naturerkenntnis mit dem Ziel der Naturbeherrschung, sie ist naturgemäß nicht auf die Physik beschränkt und keineswegs ein Monopol der Physik. Was diese Methode derzeit bietet, wird im ersten Beitrag behandelt.

EINSTEIN, PLANCK, BOHR, SCHRÖDINGER sind als große Theoretiker bekannt. Wir möchten an dieser Stelle an ein anderes Ergebnis der Diskussion der Klasse Physik erinnern, über die Stellung der theoretischen Physik in der Physik und in den Naturwissenschaften und der Technik. An diesen Gedanken hatte K. FUCHS einen bedeutenden Anteil, indem er darauf hinwies, daß die Theorie der Physik — und natürlich auch der entsprechenden anderen Disziplinen — niemals ausschließliches Werk der professionellen Theoretiker war oder ist, sondern aus dem dauernden Zusammenwirken von Theorie, Experiment und Praxis resultieren.

In diesem gemeinsamen Bemühen um die zum Erfassen der Wirklichkeit bestgeeigneten Begriffe, welche tiefe Zusammenhänge im natürlichen und vor allem auch im vom Menschen gestalteten Geschehen bloßlegen und dadurch potentielle Möglichkeiten ihrer Beeinflussung und Nutzung ermöglichen, wirken alle Physiker und an der Physik Beteiligte in Forschung und Lehre, Entwicklung und Produktion mit. Darin liegt ein wesentliches Element der Einheit der Physik begründet. Ihre gesicherten Ergebnisse sind das Ergebnis einer breiten innerdisziplinären Kooperation, gelten überall, sind für alle verbindlich und werden als solche anerkannt. Die Einheit der Physik wird bewirkt durch eine gleiche Denkweise und entsprechende Methoden des Vorgehens; aber nicht durch die Herleitbarkeit auch spezieller Sachverhalte aus einer mehr oder weniger allumfassenden „Weltformel", auch wenn bemerkenswerterweise so große Physiker wie M. Planck, A. Einstein, W. Heisenberg zeitweise nach einer solchen suchten. Planck allerdings mit einer gewissen Skepsis, denn wie anders soll man seine Warnung verstehen, die er am Schluß seines Leidener Vortrages von 1908 über die Einheit des physikalischen Weltbildes ausgesprochen hat: „Denn der Theoretiker sind viele und das Papier ist geduldig".

Wir können heute mit Sicherheit sagen, daß die gesamte moderne Physik und die ihr verwandte Chemie der Atome und Moleküle ein leuchtendes Beispiel für diese innerdisziplinäre Kooperation darstellt. Es sei nur daran erinnert, wie Helmholtz Michelsson ermutigt hat, sein bekanntes Experiment zunächst in Berlin, dann, als sich das Labor im Physikalischen Institut der Universität am Reichstagsufer als zu erschütterungsempfindlich herausstellte, im Astrophysikalischen Observatorium auf dem Telegrafenberg in Potsdam aufzunehmen. Über das Zustandekommen der Entdeckung von Max Planck und über die Rolle, die hierbei den in der PTR durchgeführten Strahlungsmessungen zufiel, die im Interesse der elektrischen Beleuchtungstechnik durchgeführt wurden, ist von einem von uns (R. R.) a. a. O. berichtet worden. EINSTEINS grundlegende Arbeiten zur Quantenphysik gehen ebenfalls von einer minutiösen Kenntnis und Bewertung der Ergebnisse aus, wie z. B. denen des Photoeffekts und der Resonanzfluoreszenz. EINSTEIN wurde als Kuratoriumsmitglied der Physikalisch-Technischen Reichsanstalt nicht müde, immer neue Experimente zu ersinnen. Der Erfolg der Kopenhagener Richtung, angefangen mit den berühmten Arbeiten von N. BOHR aus den Jahren von 1913–1919, zeigen, daß kein Schritt losgelöst vom Experiment vorangegangen wurde)[1]. Dieses gemeinsame Vorgehen war es, das den Erfolg in so kurzer Zeit gesichert hat – und der Hintergrund industrieller Nutzung war bestimmt förderlich und erhöhte die Sicherheit der Aussage, weil das, was richtig war, gebraucht werden konnte – weil es richtig war. Dort, wo die Überprüfbarkeit der begrifflichen theoretischen Tätigkeit gesichert war, entwickelten sich die Beiträge zur Einheit der Physik, die, weil es sich um vielfältig gesicherte Grunderkenntnisse handelte, in vielen Zweigen der Naturwissenschaft und Technik Eingang fanden und außerordentliche Auswirkungen hatten.

Zweifellos sind in den Jahren von 1890 bis 1930 eine große Zahl bedeutendster offener Fragen der Physik und Chemie beantwortet worden im Sinne der Aufdeckung allgemeiner Zusammenhänge, aus denen diese entsprangen. Man denke nur an die Valenzkraft, an das periodische System der Elemente, an die Spektroskopie der Atome und Moleküle. Es wurden sehr viele Fragen beantwortet, aber naturgemäß nicht alle. Kann man nun sagen, daß etwa nach dem Jahre 1930 die Physik in eine andere Phase ihrer Entwicklung getreten ist und daß die Fülle der Grunderkenntnisse nicht in gleichem Maße gewachsen ist? Wir wollen in unserem zweiten Beitrag versuchen, auf diese Frage zu antworten. Hier wollen

---

[1]) Es sei hier nur auf das Buch von VAN DER WAERDEN über die Quellen der Quantentheorie verwiesen, in dem diese Wechselwirkung außerordentlich eindrucksvoll herausgearbeitet ist.

wir schon auf folgendes hinweisen: Unbestreitbar ist das geradezu explosive Vorgehen der Physik in den Jahren von 1890 bis 1930, die Entwicklung ihrer Methoden, der Nutzung ihrer Grunderkenntnisse in Chemie, Geowissenschaften, Astrophysik, Biologie und in den klassischen technischen Disziplinen, vor allem der Elektrotechnik/Elektronik, die ihre engsten Beziehungen zur Physik niemals abgelegt haben. Der physikalisch-wissenschaftliche Gerätebau hat in diesen Jahren die Eroberung weiter Gebiete von Wissenschaft und Technik begonnen oder sie überhaupt erst ermöglicht.

Wenn man sich die Frage vorlegt, welche der Grunderkenntnisse das waren, so zeigt es sich, daß es gar nicht so viele sind, die diese allgemeine Wirksamkeit besaßen. Zum Beispiel die Grunderkenntnisse der Atomistik, daß es Korpuskeln (Teilchen) gibt, aus denen alles zusammengesetzt ist, was den Gesetzen der Mechanik oder Chemie gehorcht[1]), und die zugleich die Wurzel für das Auftreten von Wahrscheinlichkeitsgesetzen und für die Irreversibilität des realen Geschehens in der Natur darstellt.

Es gibt Physiker, die meinen, daß der Fundus an solchen breitest gültigen Grunderkenntnissen sich nach 1930 nicht mehr so schnell entwickelt hat wie vorher. Zweifellos sind jedoch nach 1930 bedeutende Ergebnisse erzielt worden, die vorher gemachte Grunderkenntnisse bestätigen oder konkretisieren. So z. B. der Nachweis der relativistischen Zeitdilatation an der Verlängerung der Lebensdauer schnell fliegender Mesonen oder bei Vergrößerung des Gravitationspotentials mittels des Mössbauer-Effektes; oder die Realisierung und Nutzung der von Einstein eingeführten stimulierten Emission durch Maser und Laser, oder der Nachweis der von Einstein und Dirac auf verschiedenen Wegen gefundenen Antiteilchen; oder (spezieller) die Verletzung der Parität

---

[1]) Wir meinen das im Sinne von N. Bohr, wonach „mechanisch" und „chemisch" komplementäre Betrachtungsweisen sind.

durch die Neutrinos entsprechend einer Erkenntnis von H. WEYL über die Anwendung der Gruppentheorie auf ruhmasselose Teilchen.

Was die offenen Fragen betrifft, die bis 1930 nicht beantwortet werden konnten und die es auch heute noch nicht sind, so scheinen einige dieser Fragen geradezu auf der Hand zu liegen, während jedoch ihre bisherige Nichtbeantwortung die Anwendungen der Quanten- und Relativitätstheorie in Physik, Naturwissenschaften und Technik anscheinend kaum behindert hat. Was hält ein Teilchen zusammen, z. B. das Elektron, und bestimmt dabei die Ruhmassen und die sonstigen dynamischen Eigenschaften der Teilchen? EINSTEIN verlangte schon 1907, daß dieselbe Theorie, die PLANCKS Quantum h verständlich macht, auch die Existenz der Elektronen (d. h. der Elementarteilchen) und der Elementarladung e erklären sollte, denn dimensionsgemäß ist ja $e \sim \sqrt{hc}$. Und bereits PLANCK, LORENTZ und EINSTEIN beunruhigte die Schwäche der Gravitation im Vergleich zur COULOMBschen Wechselwirkung, die ja durch dasselbe mathematische Gesetz beschrieben wird. Sie stellten also das Problem der „Hierarchie der Wechselwirkungen“. Die doppelte Rolle der Lichtgeschwindigkeit c als Fundamentalkonstante der Speziellen Relativitätstheorie und als Fortpflanzungsgeschwindigkeit der ruhmasselosen Lichtquanten führt in der klassischen Elektronentheorie genau so wie in der Quantenelektrodynamik auf die „Infrarot-Katastrophe“. — Wir werden im späteren Text wiederholt auf diese Frage zurückkommen.

Wir haben seit 1930 zweifellos außerordentlich viel in der Physik dazugelernt, aber was die o. a. „alten Fragen“ angeht, wissen wir wohl kaum mehr als 1930.

Es gibt Physiker, die meinen, die Physik ginge dort, wo man es ihr selbst überläßt, ihre Ziele und Wege zu suchen, meist den Weg des geringsten Widerstandes, der nicht immer ein produktiver Vorstoß ins Unbekannte ist, sondern gelegentlich in ein unentwirrbares Gestrüpp führt (vgl. das Zitat von SCHRÖDINGER). Daher seien die

Ergebnisse aus interdisziplinären Anforderungen an die Physiker, und vor allem die aus der Technik, so viel produktiver gewesen. Es könnte aber sein, und wir wollen es in unseren Beiträgen andeuten, daß tieferliegende Gründe vorliegen, die mit der Adäquanz unserer so erfolgreichen Begriffsbildungen zusammenhängen und damit verbunden mit außerordentlich anwachsenden Schwierigkeiten, außerhalb bewährter Gedankengänge zu verfahren, d. h. Dinge zu denken, die, wie BOHR es bezeichnet hat, „crazy" sind, was erfahrungsgemäß nur ganz großen Physikern gelungen ist. Wir sind naturgemäß nicht imstande, angesichts der Seltenheit des Phänomens eines ARCHIMEDES, KEPLER, GALILEI, NEWTON, FARADAY, PLANCK, EINSTEIN, BOHR, uns über diese spezielle Art der Kreativität zu äußern — obgleich in den Schriften von EINSTEIN, PLANCK, BOHR und der anderen um die Quantenphysik und relativistischen Physik verdienten Physiker manch interessanter Hinweis auf ihr Zustandekommen entwickelt ist. Uns scheint, daß hier eine spezielle Form der Kreativität vorliegt, die wohl unterschieden werden kann von der mehr kombinatorisch arbeitenden, die einen hervorragenden Technologen, einschließlich der mathematischen, kennzeichnet. Aber da die genannten großen Physiker zum Teil auch in technischen Dingen sehr produktiv gedacht haben, gibt es wohl keine scharfe Grenze.

Wir möchten noch auf einen weiteren, nach unserer Ansicht zu beachtenden Aspekt hinweisen. Wir glauben, daß die Erfolge der modernen Physik zu verdanken waren einer Atmosphäre wissenschaftlicher Kreativität, gestützt auf Kooperation in verschiedenster Form, die den ganz großen Genies vom Range eines EINSTEIN, PLANCK, BOHR die Möglichkeit lieferten, den halsbrecherischen Übergang von der Quantität zu einer neuen Qualität zu vollziehen. Es handelt sich um eine Atmosphäre des Zusammenstrebens und des gegenseitigen Förderns, wie sie in langen Zeiten entstanden waren, wie wir sie etwa aus den Briefen EINSTEIN — BORN entnehmen können.

Mit dem Machtantritt Hitlers 1933 in Deutschland brach das alles in kurzer Zeit zusammen: Tausende Bande wissenschaftlicher Kooperation, in Jahrzehnten gewachsen, rissen ab und dort, wo das nicht direkt eintrat, wirkte der Schock dieses Ereignisses. Wir glauben, daß das Jahr 1933 in die Geschichte der Physik in ähnlicher Form eingehen wird, wie der Zusammenbruch der antiken Mittelmeer-Zivilisation durch die Eroberungen der Araber oder das Ende Mittelasiens durch die Mongolen und Tataren. Es ging eine Qualität höchster geistiger Leistungsfähigkeit für die Physik verloren. Und da die Physik von Menschen gemacht wird, ist es verständlich, daß sie sich dort, wo es sich nicht um die konkrete Befriedigung gesellschaftlicher Bedürfnisse (im Sozialismus) oder vorteilhafter Profitmöglichkeiten (im Imperialismus) handelt, mehr oder weniger auf den Weg des kleinsten Widerstandes begibt.

Es liegt im Interesse der Physik, wie jeder Wissenschaft, systematisch und planmäßig die Hintergründe der schöpferischen Leistungsfähigkeit aufzudecken und Bedingungen herzustellen, die eine harmonische allseitige Entwicklung sichern. Dazu liefert die sozialistische Gesellschaftsordnung einzigartige Voraussetzungen.

„Alle Physiker sind einstimmig darin, daß es die Aufgabe der Physik sei, die Erscheinungen der Natur auf die einfachen Gesetze der Mechanik zurückzuführen. Welches aber diese einfachen Gesetze sind, darüber besteht nicht mehr die gleiche Einstimmigkeit."
HEINRICH HERTZ (1857—1894)

2. Komplexität der Wirklichkeit, Reproduzierbarkeit und historische Einmaligkeit

I. Die großen Erfolge der Naturwissenschaften, der Technik und der Medizin, wie wir sie in den letzten Jahrzehnten erleben, werden meist in Zusammenhang gebracht mit der seit dem Beginn unseres Jahrhunderts einsetzenden Entwicklung der Physik und Chemie der Atome, Moleküle, Festkörper und der von diesen ausgelösten modernen Techniken, insbesondere der Elektronik. Obgleich Einmütigkeit darüber herrscht, daß allem makroskopischen Geschehen Vorgänge im atomar-molekularen Bereich zugrundeliegen, deren Grundgesetze, beginnend mit den Entdeckungen von M. PLANCK, A. EINSTEIN und N. BOHR erforscht werden konnten, und auf diesem Niveau die ausschließliche Zuständigkeit der Physik und Chemie der Atome und Moleküle anzuerkennen ist, bleibt doch die Frage offen, wieweit wir auch die spezifischen Phänomene jeder naturwissenschaftlichen Disziplin aus den physikalisch-chemischen Grundgesetzen verstehen können. Es gibt in dieser Frage mehrere Aspekte:

Einmal die Frage der Leistungsfähigkeit der Methoden, aus den fundamentalen Erkenntnissen auf die in der Wirklichkeit vorliegende ungeheure Komplexität zu schließen. Diese Erkenntnisse werden bei der Betrachtung einfacher Situationen gewonnen, die experimentell zum Teil mit erheblichem Aufwand hergestellt und theoretisch-mathematisch erfolgreich zur Ermittlung tiefliegender Gesetzmäßigkeiten benutzt werden. Sodann aber sind es die Spezifika der Gegenstände in Physik und Chemie des atomaren Bereiches, die in einem sehr entscheidenden Punkt sich von den Gegenständen anderer naturwissenschaftlicher Disziplinen unterscheiden.

Besonders denkt man dabei wohl an Geologie und Biologie oder an Astronomie.

Es ist naheliegend, aber offenbar nicht ganz zutreffend, etwa so zu argumentieren:

Die Gegenstände der Physik zeichnen sich durch weitgehende Reproduzierbarkeit und beliebige Kopierbarkeit aus, so daß die Rede von immer den gleichen Gegenständen ist, in für statistische Methoden ausreichender Stückzahl. In Biologie, Geologie und Astronomie haben wir es grundsätzlich mit historisch einmaligen Dingen zu tun, die sich niemals exakt wiederholen lassen, obgleich für ihr Verhalten naturgemäß auch ein Geschehen im atomaren Bereich zugrunde liegt. Die Frage der ausreichenden Anzahl ist nicht von vornherein zu beantworten. Aus diesem Unterschied wird durchaus verständlich gefolgert, daß das Geschehen in Biologie, Geologie und Astronomie sich nicht vollständig auf die heute beherrschten Gesetze der Physik reduzieren läßt.

Beide Fragen, sowohl die nach der Beherrschung komplexer Phänomene auf der Grundlage einfacher Grundgesetze wie die Frage der Reproduzierbarkeit der Gegenstände oder ihrer historischen Einmaligkeit, sollen uns im folgenden beschäftigen. Wir möchten zeigen, daß diese Problematik sich voll bereits innerhalb der Physik abzeichnet und offenbar in anderen Naturwissenschaften keine neue Qualität hinzukommt, sofern es sich um Phänomene handelt, für die die Begriffe der Physik, wie z. B. Koordinate, Zeit, Geschwindigkeit, Beschleunigung, Impuls, Energie, ... sinnvoll anwendbar sind.

Alle Fragen, die legitim in der Sprache der Physik formulierbar sind, sind auch mit den Methoden und gemäß den Prinzipien der Physik zu beantworten.

Aber auch für die sinngemäße Entwicklung von Begriffen, wie sie zum tieferen Verständnis in anderen Naturwissenschaften zweckmäßig sein dürfte, gibt es Hinweise in der Physik selbst. Kurz: was die physikalisch-chemische Seite der Dinge anbelangt, so brauchen wir offenbar keine qualitativ neuartige Physik bzw. Chemie; allerdings gibt es im Hinterland der vordersten Front der Physik und Chemie noch manches nicht gelöste Problem, das zum Teil auf tieferliegende Fragen führen kann, die heute noch nicht erfaßt sind.

Es erscheint in gewisser Hinsicht fragwürdig, in der Physik von abgeschlossenen Gebieten zu sprechen, sofern es sich nicht um übersichtliche, einfache Aufgaben handelt. So dürfte die Berechnung der Ionisationsenergie des Wasserstoffatoms als abgeschlossen anzusehen sein, wenn man von der heute erreichten Genauigkeit des Vergleiches von Theorie und Experiment ausgeht. Wenn Heisenberg von abgeschlossenen Theorien spricht, so kann man das akzeptieren, wenn es sich um eine Aussage über die Leistungsfähigkeit der betreffenden Theorien mit den derzeit bekannten mathematischen Methoden handelt. Damit ist aber nicht gesagt, daß die Theorie auf alle Fragen Antwort zu geben im Stande ist, die sinnvoller Weise in ihre Kompetenz fallen sollten. Diese Abgeschlossenheit einer physikalischen Theorie meint die Vollständigkeit und die — methodologisch festgesetzte — Nichtrevidierbarkeit des axiomatischen „Urbaues“ der dynamischen Gesetze. Die tatsächliche Anwendung der Theorie verlangt aber noch die (grundsätzlich niemals voll ausschöpfbare) Vorgabe der Anfangs-, Rand- und Nebenbedingungen. Eine genügend inhaltsreiche Theorie ist im Sinne der vollständigen Angebbarkeit (oder auch nur algorithmischen Aufzählbarkeit) aller dieser Daten niemals abschließbar.

Bereits in der Physik besteht die Notwendigkeit, neben der Feststellung der allgemeinsten Gesetzmäßigkeiten umfangreiche Einzelforschungen zum Anschluß an die reale Situation durchzuführen. Die sehr allgemeingültigen Aussagen der Physik sind erkauft worden durch einen Verzicht auf „Auflösungsvermögen“ bei der Wiedergabe von Details der Wirklichkeit, die z. B. für ihre technische

Nutzung entscheidend sind. Eine ausgereifte physikalische Theorie enthält in ihren „Anwendungsvorschriften“ auch Angaben darüber, in bezug auf welchen „Auflösungsgrad“ sie gültig sein soll, d. h. sie gibt an, von welchen Details bewußt abgesehen wird.

II. Eine der größten Errungenschaften der Physik ist die kinetische Theorie der Gase. Sie beeinflußte stark die Entwicklung der Quantenphysik, da sie die Kompatibilität der Atomistik der Chemie und Kristallographie mit dem anerkannten Fundament der Physik, der NEWTONschen Mechanik, nachwies. Unter Zugrundelegung ihres überzeugend einfachen Modells, der als elastische Billardkugeln vorzustellenden Atome und ihrer Bewegung, bei welcher eine längere freie Flugzeit ohne jede Wechselwirkung mit den anderen Atomen mit im Vergleich dazu kurzen Stoßzeiten (mit elastischer Stoßcharakteristik) abwechselt, ließen sich in einfacher Weise Grundaussagen der Thermodynamik, wie Gleichverteilungssatz und detailliertes Gleichgewicht (mikroskopische Reversibilität) herleiten und überdies aus den Zusammenhängen der Koeffizienten der Wärmeleitung, der Diffusion und der inneren Reibung die Abmessungen der Atome bestimmen. Auch die spezifische Wärme von Festkörpern (DULONG-PETIT-Gesetz) konnte einfach erklärt werden unter Zugrundelegung des Gleichverteilungssatzes.

NEWTONsche Mechanik, Chemische Atomistik, Thermodynamik konnten so an einem einheitlichen Vorgang, der Bewegung diskreter kleinster Teilchen bestätigt werden und bewiesen sich damit gegenseitig. Das war der eindrucksvollste Nachweis der Leistungsfähigkeit der Physik im Sinne der Zurückführung auf mechanische, mathematisch faßbare Vorgänge. Vor allem stützte sie die Auffassung vom fundamentalen Charakter der Mechanik für die Erkenntnisfindung in der Physik, ja seit den Arbeiten von HELMHOLTZ in weiten Gebieten der Naturwissenschaften, der Technik und der Medizin.

EMIL WARBURG, dem die Physik eine große Zahl hervorragender Schüler verdankt, die Pioniere der Quantenphysik wurden, schrieb 1908 in der X. Auflage seiner „Experimentalphysik“, die zweifellos eine Generation von Physikern und Naturwissenschaftlern mitgeprägt hat, „Eine große Anzahl von Naturerscheinungen erkennen wir durch die Sinne unmittelbar als Bewegungserscheinungen. Die Gesetze der Bewegung sind neuerdings die Grundlage für die wissenschaftliche Behandlung auch solcher Naturerscheinungen geworden, welche sich unseren Sinnen nicht unmittelbar als Bewegungserscheinungen zu erkennen geben, nämlich die meisten Erscheinungen der Wärme, des Lichtes und der Elektrizität. Daher bilden die Mechanik oder die Lehre von der Bewegung die Grundlagen der Physik“.

Die hohe Überzeugungskraft der Gastheorie und ihrer Denkweise, die schließlich auch PLANCK bewogen hat, sich ihrer zu bedienen und damit seine Strahlungsformel aufzustellen, resultierte auch daraus, daß die Wechselwirkungen in der kinetischen Gastheorie nur im unmittelbaren Kontakt der Volumenelemente der Stoßpartner auftreten, eine Forderung, wie sie bereits früher, z. B. von EULER, LOMONOSSOW und von HELMHOLTZ erhoben wurde. Die dubiosen Fernkräfte kommen nicht vor. Das wurde damals sehr ernst genommen. (In dem oben zitierten Lehrbuch von WARBURG wird auf die Ablehnung der Fernkräfte besonderer Wert gelegt und das mehrfach zum Ausdruck gebracht, etwa in § 14, wo von „scheinbaren“ Fernkräften gesprochen wird.)

Die Darstellung der Gasatome als elastische Billardkugeln entsprang zweifellos der Erfahrung, daß alle uns umgebenden Gegenstände eine feste Kontur mit relativ hoher Beständigkeit haben, die allerdings nicht auf die „physikalischen“ Kräfte – elektrische oder gravische – mit ihrem allmählichen Abfall zurückgeführt werden konnte, sondern eher den Auffassungen der Chemie der Valenzkraft entsprachen. Diese sehr plötzlich – exponentiell – abfallenden Kräfte, wie sie etwa als Abstoßungskräfte bei den elastischen Stößen der Atome untereinander manifest werden, wurden durch die Entwicklung der Quantenphysik, speziell durch die Arbeit von HEITLER/LONDON, als wesensgleich den chemischen Kräften erkannt, die als Austauschkräfte keine Parallele in der Klassischen Physik haben. Diese Austauschkräfte besitzen eine „Reichweite", die für Atome von der Größenordnung der BOHRschen Bahn ist und für die es kein Gegenstück bei den Kräften der Klassischen Physik gibt. Das „Billardkugelmodell" war so der Wirklichkeit besser adäquat, als es etwa eine KEPLER-Bewegung der Teilchen umeinander gewesen wäre; umgekehrt kann die Brauchbarkeit der Billardkugelvorstellung als charakteristischer Hinweis auf die Existenz der Quantenkräfte angesehen werden.

Die kinetische Gastheorie läßt aber in mancher Hinsicht „Retuschen" ihres Kraftgesetzes zu, ohne an Wirksamkeit zu verlieren. Bekannt sind die VAN DER WAALSschen Kräfte, die bei Berücksichtigung der elektrischen Dipol-Wechselwirkung der Atome bzw. Moleküle entstehen und sich etwa mit r^{-6} in gewissen Abstandbereichen bemerkbar machen. Aber auch für den Fall COULOMBscher Wechselwirkung, wo es sich tatsächlich um eine KEPLER-Bewegung der Ionen und Elektronen handelt, lassen sich bei Berücksichtigung der Abschirmung nach DEBYE und HÜCKEL die meisten Fragen befriedigend behandeln.

Die Vorliebe vieler der älteren Physiker für „Wechselwirkungen im Kontakt" dürften demnach der gleichen empirisch-intuitiven Verarbeitung der chemischen Erfahrung entsprungen sein.[1])

[1]) Die Quantenmechanik gab eine Synthese des „planetaren Atommodells" der Atomphysik (RUTHERFORD) mit dem „Billardkugel-Modell" der kinetischen Gastheorie: Gemäß BOHRS Quantentheorie des Korrespondenzprinzips bewegen sich die Elektronen auf KEPLER-Bahnen um den Atomkern, aber mit „gequantelten" Wirkungsintegralen, denen diskrete Werte für die Bahnradien entsprechen. – SCHRÖDINGERS Wellenmechanik ersetzt die klassischen KEPLER-Bewegungen der Elektronen durch stationäre Eigenzustände ihrer Wellenfunktionen, denen Eigenwerte entsprechen, die durch BOHRS Quantenzahlen gegeben sind. – Das KEPLER-Problem der Quantenmechanik lieferte so gerade die „elastischen Billardkugeln" der Gastheorie als Atommodelle.

Nach NEWTON, BOSCOVICH, KANT und FARADAY bedeutet ein „unmittelbarer Kontakt“ in Wahrheit eine Fernwirkung mit kurzer Reichweite von der Art der Valenz-Kräfte. Insofern sind die Fernkräfte NEWTONS im Sinne der Feldphysik nur durch Kraftfelder mit endlicher Ausbreitungsgeschwindigkeit, und damit mit Retardierung, zu ersetzen. Auch weitreichende Kräfte wie die COULOMB-Kräfte erfüllen, als FARADAYsche Kraftfelder interpretiert (gemäß der MAXWELLschen Theorie), das Lokalitäts-Postulat von HERTZ:

Die Kraft an einem Ort ist durch den Zustand der infinitesimal benachbarten Gebiete vollständig bestimmt („mikroskopische Wechselwirkung“ nach PLANCK).

Aber die weitreichenden Kräfte $\sim 1/r^2$ vom NEWTON-COULOMBschen Typ müssen abschirmbar sein, wenn sie für genügend große Systeme nicht zu Divergenzen führen sollen; denn ohne Abschirmung wäre ja:

$$\text{Kraft} \sim \frac{\text{Volumen}}{r^2} \sim r .$$

Die von der kinetischen Gastheorie eingeleitete Entwicklung der Quantenphysik führte zu der weit verbreiteten Überzeugung, daß über kurz oder lang sich alle in den Kompetenzbereich der Physik fallenden Vorgänge in ähnlicher Weise auf elementare Bewegungsvorgänge — zwischenatomare und inneratomare — würden zurückführen lassen.

Diese hervorragenden, und in der Tat die Entwicklung der gesamten Naturwissenschaft, der Technik und der Medizin bestimmenden Erfolge lenkten die Aufmerksamkeit der Physik ab von gewissen Schwierigkeiten. Es wäre natürlich an erster Stelle zu nennen das Problem der Irreversibilität bzw. der Zeitrichtung, für das in den Auffassungen von GIBBS, BOLTZMANN und EINSTEIN eine (jedoch von vielen Physikern gefühlsmäßig abgelehnte) Lösung angeboten wurde. Jene wäre vorgetäuscht durch den Durchschnittscharakter der Gesetze der kinetischen

Gastheorie. Eine Auffassung, die zu tiefen Konsequenzen für die Physik führen kann. Sie ist wohl zwangsläufig, wenn die Aufgabe der Physik wie oben formuliert wird.

Sodann ist es aber die Frage der Reduzierbarkeit der kooperativen Phänomene, wie Schallausbreitung, Strömungen, Turbulenz, Stoßwellen auf atomar-molekulares Geschehen, die offen geblieben war.

III. Seit NEWTON ist bekannt, daß die Bewegungsgesetze der Mechanik nicht nur für „Punkte“, sondern sinngemäß auch für Kontinua Gültigkeit haben; d. h., es können „Volumenelemente“ an die Stelle der „Massenpunkte“ treten. Dies ist nach BOLTZMANN eine direkte Konsequenz des NEWTONschen Gegenwirkungsaxioms, welches auf das detaillierte Gleichgewicht (das Verschwinden der virtuellen Arbeit) der inneren Kräfte im Volumenelement führt (BOLTZMANNS Reziprozitätsgesetz).

Die Fortführung der Punktmechanik vieler Teilchen durch die kinetische Gastheorie ließ hoffen, daß eine analoge statistische Behandlung kollektiver Phänomene wie Schallwellen, Strömungen, Stoßwellen, Wirbel, wie sie überall in der Natur vorkommen und unzweifelhaft zum Kompetenzbereich der Physik bzw. Mechanik gehören, möglich sein würden. Es stellte sich aber heraus, daß diese kooperativen Phänomene sich nicht in einfacher Weise, ohne Zusatzannahmen makroskopischer Art — wie z. B. einer Kraft proportional einem Druckgradienten — aus den mechanischen Vorstellungen der kinetischen Gastheorie ableiten lassen.

Die kooperativen Phänomene, denen zweifellos das atomare Geschehen zugrunde liegt, sind nicht vollständig auf das Stoßmodell der kinetischen Gastheorie reduzierbar. Das einzige kooperative Phänomen, das in dessen Rahmen realisierbar ist, besteht im „thermischen Rauschen“ aller Parameter.

Es gibt aber Naturerscheinungen, an denen viele Atome in einer ganz spezifischen Kooperation in einer der „allgemeinen Ungeordnetheit", d. h. völligen Unabhängigkeit der Bewegung der Atome widersprechenden Weise beteiligt sind und die deshalb ein anderes Begriffssystem benötigen, wie es z. B. von NEWTON für die Schallausbreitung in Flüssigkeiten und von LAPLACE in Gasen gegeben wurde.

Es ist die Frage naheliegend, ob solche Phänomene in einem homogenen und isotropen BOLTZMANNschen Gas „von allein" entstehen können. Man kann diese Frage u. E. durchaus verneinen. Eine Konvektionsströmung in einem Gas entsteht nur, wenn ein Auftrieb vorhanden ist, d. h. Gravitation.

Makroskopische Effekte ohne äußere makroskopische Einflüsse ergibt ein System nur dann, wenn es anholonomen Bedingungen unterworfen wird. Nach BOLTZMANNS Polemik gegen die HERTZsche Mechanik sollten diese anholonomen Bedingungen für makroskopische Systeme tatsächlich das statistische Ergebnis von holonomen mikroskopischen Anfangsbedingungen sein. Die makroskopische Entwicklung eines Systems ist dann die Folge der mikroskopischen Anfangsbedingungen für das System. Mikroskopisch ist alles reversibel.

Wegen der Nichtintegrabilität der nicht-holonomen Bedingungen für ein System führt die Wiederherstellung der äußeren Anfangswerte das System keineswegs in seinen Urzustand zurück. Bei anholonomen Bedingungen wird das System vom „Weg im Phasenraum", also von seiner „Biographie" abhängig.

Die größere Zahl der Freiheitsgrade im Endlichen gegenüber den Freiheitsgraden im Infinitesimalen bedeutet darüber hinaus, daß der $3n$-dimensionale Konfigurationsraum eines Systems bei anholonomen Bedingungen nicht mehr in die n Räume seiner n Massenpunkte aufspaltbar ist. (In der Quantenmechanik hängt die Nicht-Separierbarkeit im SCHRÖDINGERschen Konfigurationsraum der Wellenmechanik mit der Existenz von Austauschkräften zusammen.)

Allgemein sind nach HERTZ alle klassischen „Kräfte"

(im Sinne von NEWTONS Axiomatik) durch holonome Bedingungen ersetzbar, und bereits LAGRANGE bewies umgekehrt die Ersetzbarkeit der holonomen Bedingungen durch „Zwangskräfte". Dagegen sind anholonome Bedingungen kein Äquivalent für NEWTONsche Kräfte und auch nicht durch diese ersetzbar.

Nach BOLTZMANN würde jedes makroskopische System mit anholonomen Bedingungen bei Einbeziehung seiner mikroskopischen Freiheitsgrade — als mikroskopisches System dargestellt — holonomen Bewegungsgleichungen genügen. Gerade deswegen gilt BOLTZMANNS Prinzip der mikroskopischen Reversibilität. (Dieses Postulat ist nach BOLTZMANN mit der Frage der uneingeschränkten Gültigkeit der NEWTONschen Axiome verbunden, die BOLTZMANN gegenüber HERTZ bejaht hat.)

Ein Makrosystem hat sehr viele innere Freiheitsgrade; es ist hochgradig entartet. Zu einem Makrozustand gehört u. a. eine Mannigfaltigkeit gleichwahrscheinlicher Mikrozustände. Das Phasenvolumen über die Mikrozustände, die Anzahl der zum Makrozustand gehörenden Mikrozustände, ist gemäß GIBBS, BOLTZMANN, PLANCK und EINSTEIN das direkte Maß der Wahrscheinlichkeit des Makrozustandes.

Das Entstehen einer makroskopischen Instabilität mit Phasenumwandlungen oder sonstigen unstetigen Änderungen des Makrozustandes ist bedingt durch die Werte der makroskopischen Parameter. Der Eintritt dieses makroskopischen Prozesses wird aber ausgelöst durch „zufällige" lokale mikroskopische Schwankungen, d. h. durch lokale und momentane Mikroprozesse. Daher ist das Eintreten des Makroprozesses nicht im Detail voraussagbar. Die mikroskopische Untersuchung, die eine solche Voraussage ermöglichen soll, verändert bereits den Mikrozustand selbst und löst eventuell ursächlich den vorauszusagenden Makroprozeß „lawinenartig" aus.

Alle diese Phänomene der Phasenumwandlung bzw. Strukturentstehung und -vernichtung haben so gemeinsam, daß sie praktisch immer mit molekular unbestimmtem Verhalten in kleinen Bereichen ihren Anfang nehmen und mehr oder weniger ihren instabilen Charakter über einen breiten Parameterbereich behalten.

Das Sieden beginnt an Stellen der Grenzflächen, wo die Ablösung der Flüssigkeit von der festen Wand zustande kommt, und behält in seinem Verhalten die molekulare Unordnung bei. Wenn man diese auslösenden Faktoren beseitigt, dann entsteht ein Siedeverzug. Ebenfalls ist bekannt, daß Wasserdampf in staubfreier Atmosphäre sich außerordentlich weit unterkühlen läßt. Wir halten darum die Schlußfolgerung für zulässig, daß in einem gleichförmigen BOLTZMANNschen Gas — so wie wir es oben charakterisiert haben — kooperative Phänomene nicht existieren, sie entstehen bei Vorliegen besonderer Bedingungen, wie die makroskopische Begrenzung des Systems, oder durch andere künstliche Maßnahmen, wie Vorhandensein eines Schwerefeldes, Vorhandensein von „Keimen“ für Kondensation oder Kristallisation, Einschalten einer Schallquelle und dergleichen.

Unter den kooperativen Phänomenen, die makroskopische Auswirkungen mikroskopischer Ereignisse darstellen, verdienen einer gesonderten Erwähnung solche, die zur Ausbildung eines „Signals“, einer „Inschrift“ eines „Musters“ führen.

Ohne hier näher auf dieses Problem einzugehen, wollen wir nur auf zwei Erscheinungen hinweisen: die katalytische Wirksamkeit von „eingefrorenen“ Fehlordnungen an der Oberfläche von Kristallen und die analogen chemischen Aktivitäten im Bereich der biologisch bedeutungsvollen Makromoleküle.

Da das Signal bzw. die Inschrift sich deutlich vom Hintergrund eines thermischen Rauschens abheben muß, können solche Phänomene nur auf besondere Art entstehen, wie z. B. Abschrecken, wobei eine Hoch-Temperaturfehlordnung eingefroren wird, oder durch den Eingriff eines Licht-, Elektronen- oder Ionenstrahls.

SCHRÖDINGER hat in seinem Buch „Was ist Leben“ die für das biologische Geschehen bedeutungsvollen

Moleküle DNA und Proteine aperiodische Kristalle oder Festkörper genannt, eine überaus produktive Bezeichnung! Die historische Einmaligkeit der biologischen Objekte ist demnach qualitativ nichts anderes als die jedes kristallisierenden Festkörpers, wenn man daran denkt, daß im biologischen Material nicht die schematische Wiederholung der Elementarzelle das spezifische Merkmal darstellt, sondern die freie, aperiodische Anordnung der selbst beliebig komplexen Bausteine. Damit wird eine ganz entscheidende neue Qualität in das Verhalten der Biomoleküle hineingetragen: Das Problem der Baufehler und ihrer makroskopischen Auswirkung tritt auf (Mutationen!) und bestimmt das Geschehen. Bei den Molekülen der Chemie gibt es dazu keine Analogie, da ein Molekül mit einem Baufehler eben ein anderes Molekül ist, während ein NaCl-Kristall mit Baufehler doch ein NaCl-Kristall bleibt.

IV. Für die moderne Physik seit Galilei und Newton ist typisch die Einheit des experimentellen und des theoretisch-mathematischen Vorgehens. Eine stillschweigende, aber wesentliche Voraussetzung hierfür ist die Reproduzierbarkeit des experimentell gegebenen, oder in der Natur beobachteten Tatbestandes. Obgleich natürlich klar ist, daß die für die Versuche benutzten Dinge von ihrer Herstellung her individuelle Besonderheit aufweisen, sollte von diesen abstrahiert werden, da sie für die physikalische Betrachtung vernachlässigbar sind und eine allgemeine Reproduzierbarkeit der Gegenstände der Physik vorausgesetzt wird.

Bei der Bearbeitung astronomischer Vorgänge wurde sinngemäß vorgegangen, wozu die relative Unveränderlichkeit der Sonne und der Planeten eine Grundlage liefert. Vorgänge, wie das Entstehen des Sonnensystems, bei denen eine Reproduzierbarkeit fragwürdig und die historische Einmaligkeit auf der Hand liegend war, wurden durch eine Kombination mechanisch-theoretischer und deskriptiv-historischer Betrachtungen behandelt.

Tatsächlich ist das Sonnensystem im Kosmos genauso wenig einmalig wie ein Realkristall auf der Erdoberfläche. Es gibt im „sichtbaren Universum" (etwa im EINSTEIN-Kosmos) wohl mehr als 10^{23} Planetensysteme (also eine LOSCHMIDTsche Zahl!). Diese unterscheiden sich nur durch kosmogonisch zufällige Einzelheiten: sie haben wohl alle die seit KANT und LAPLACE betrachteten allgemeinen Züge des Sonnensystems mit diesem gemeinsam.

Nachdem Physik und Chemie durch die Erfolge der kinetischen Gastheorie von der Realität der Atome und ihrer mechanischen Bewegung überzeugt worden waren, kam die grundsätzliche Gleichheit aller Atome eines chemischen Elementes und ihrer zeitlichen Unveränderlichkeit der Reproduzierbarkeitsforderung entscheidend entgegen. Es bildete sich eine Ideologie unter den Physikern aus, wonach Gegenstände der Physik ausschließlich oder überwiegend solche sein sollten, für die die Reproduzierbarkeitsforderung von vornherein gegeben ist oder theoretisch begründet werden konnte. Zweifellos wurde hierdurch der Kompetenz- und Aussagebereich der Physik erheblich eingeschränkt und bedeutende Probleme aus dem Blickfeld interessierter Physiker gerückt.

V. Es ist verständlich, daß das Interesse der Physiker sich sehr frühzeitig auf jenen Kreis der Probleme richtete, die mit den durch die kinetische Gastheorie verständlich gewordenen Schwankungserscheinungen zusammenhängen. Stellen diese doch eine legalisierte Abweichung von der allgemeinen Reproduzierbarkeitsforderung dar: jede Schwankung hat den Charakter der historischen Einmaligkeit — sie dauert aber nur sehr kurze Zeit, vergleichbar mit den Relaxationszeiten der Einstellung des thermischen Gleichgewichts im Gas. Es ist aber klar, daß mit dem atomistischen Modell ein der klassischen Physik fremder Zug auftritt: die Unabhängigkeit des Makrosystems von den mikroskopischen Schwankungen, d. h. die Entartung des Makrozustandes in bezug auf die Mikrozustände, gilt nicht mehr für Zeiten, die durch die statistischen Schwankungen gemäß EINSTEIN, GIBBS und SMOLUCHOWSKI charakterisiert sind.

Wir sehen demnach, daß die historische Einmaligkeit „nichts besonderes" ist, und daß sie dort manifest wird, wo die Ergebnisse der Schwankung „eingefroren" werden wie beim kristallischen Festkörper oder wo die Beobachtungszeiten kurz gegen die charakteristischen „Stoßzeiten" sind, wie bei kosmischen Objekten.

In diesen Fällen ist der aktuelle Makrozustand von dem Mikrozustand des Systems zur Zeit seiner Entstehung abhängig, aus dem Makrozustand läßt sich der Mikrozustand beim Entstehen des Systems erschließen. Diesen Schluß zieht z. B. die Kosmogonie seit KANT und LAPLACE für das Planetensystem.

M. v. LAUE hat sich 1925 für ein von H. HERTZ u. a. beobachtetes Phänomen interessiert, das zweifellos eine prinzipielle Bedeutung hat als Beispiel für makroskopische Auswirkungen einmaliger mikroskopischer Ereignisse: die Funkenverzögerung — die Beobachtung, daß der elektrische Durchschlag bei Erreichen der Durchschlagsspannung nicht sofort einsetzt, sondern nach einer statistische Gesetze befolgenden Verzögerungszeit, wobei Überspannung und Dauer der Verzögerung in reziprokem Verhältnis stehen. LAUE konnte zeigen, daß die Phänomene mit den Schwankungen der für das Anlaufen der Entladung ausreichenden Ladungsträgerkonzentration in der Funkenstrecke zusammenhängen. Es ist bekannt, daß analoge Anlauferscheinungen z. B. für das Anschwingen eines rückgekoppelten Senders oder einer selbsterregten Dynamomaschine festgestellt werden.

VI. Die Entdeckung der Radioaktivität am Ende des XIX. Jahrhunderts erweiterte den Horizont der Physik in ungeahnter Weise. Sehr bald wurde klar, daß das Gesetz des radioaktiven Zerfalls die historische Einmaligkeit jedes Emissionsvorganges nach Zeitpunkt und Richtung bedeutet, deren Qualität aber eine andere ist, als die der Schwankungserscheinungen in der Gastheorie. PLANCK hat wohl als erster 1912 daran gedacht, die quantenhafte Absorption und Emission mit dem radioaktiven Zerfall in Zusammenhang zu bringen.

Neben PLANCK ist als Autor POINCARÉ (1912) zu nennen, der in seinem Vortrag „Die Quanten-Hypothese", abgedruckt in „Letzte Gedanken", den Vergleich zwischen dem PLANCKschen Strahlungsgesetz und den Gesetzen des radioaktiven Zerfalls ebenfalls gezogen hat. Wenige Jahre später, nach Bekanntwerden des BOHRschen Atommodells und seiner denkwürdigen Postulate, gelang es A. EINSTEIN, eine Ableitung der PLANCKschen Strahlungsformel durch Betrachtung des Gleichgewichtes von BOHRschen Atomen und Lichtquanten zu geben, die zeigte, daß auch in diesem Fall, wie in der kinetischen Gastheorie, das Prinzip des detaillierten Gleichgewichts Geltung hat, sofern Emission und Absorption statistisch nach Richtung und Zeitpunkt verlaufen. Obgleich die historische Einmaligkeit bei der Emission und Absorption von Lichtquanten aus einer ganz anderen Quelle stammt als bei Schwankungserscheinungen der Gastheorie — EINSTEIN fand dafür das Wort „a priori-Wahrscheinlichkeiten" — wirken sie sich in völlig analoger Weise aus und beeinträchtigen weder die Entwicklung des thermischen Gleichgewichtes, noch die mikroskopische Reversibilität, im Gegenteil, ihr statistischer Charakter ist Voraussetzung für beides.

EINSTEIN übernahm hierfür — in Einklang mit der späteren Quantenelektrodynamik — aus den Gesetzen des radioaktiven Zerfalls die Vorstellung einer spontanen Emission der Atome beim „Quantensprung" zwischen zwei BOHRschen Elektronenbahnen. EINSTEIN stellte diesen a priori-Wahrscheinlichkeiten die aus der Lichtquantenhypothese ableitbaren Wahrscheinlichkeiten für die Elementarakte der Absorption und der erzwungenen Emission gegenüber. Die mikroskopische Reversibilität besagt dann die Symmetrie dieser erzwungenen Übergangswahrscheinlichkeiten.

Im thermischen Gleichgewicht resultiert so PLANCKS Strahlungsverteilung. Die Symmetrie der Übergangswahrscheinlichkeiten, die EINSTEINS Betrachtungen mit den Vorstellungen von BOLTZMANN verbindet, erwies sich seit SCHRÖDINGER und BORN als direkte Konsequenz des probabilistischen Charakters der Materiewellen und der fundamentalen Raum-Zeit-Symmetrien der SCHRÖDINGERschen Wellengleichung. Damit war etwas Außerordentliches erreicht:

Wenn wir NEWTONsche Mechanik, Elektrodynamik, Thermodynamik und Chemische Atomistik in einer Einheit betrachtet als den gesicherten Fundus der Grundlagenphysik ansehen wollen, dann wurden durch die Arbeiten EINSTEINS von 1906—1917 die Lichtquanten und damit die Mikrostruktur des elektromagnetischen Feldes, sowie seit 1913 die durch das BOHRsche Atommodell erreichte „Physikalisierung" des chemischen Atombegriffs in diese Grundlagen mit einbezogen. Das alles war so überzeugend, daß die Auswirkungen der Physik in den naturwissenschaftlichen Disziplinen, der Technik bis in die Medizin und Biologie hinein, nicht auf sich warten ließen. Auf diesem Niveau fügten sich Reproduzierbarkeit und historische Einmaligkeit als zwei dialektisch verbundene Seiten der Wirklichkeit zusammen. Die Physik erhielt dadurch Modellcharakter für andere naturwissenschaftliche und technische Disziplinen.

VII. Die kinetische Gastheorie hat, wie wir oben gezeigt haben, zu einer Verschmelzung von Physik und Chemie in atomar-molekularen Bereichen geführt. Beide Disziplinen steuerten zu diesem gewaltigen Fortschritt der Naturerkenntnis in gleichem Maße bei.

So wie physikalische Vorstellungen über den fundamentalen Charakter der NEWTONschen Mechanik über die mechanische Wärmelehre tatsächlich zur Mathematisierung der Chemie (VAN'T HOFF 1883) beigetragen haben, so haben die Erkenntnisse der Chemie von der Existenz von Kräften mit Reichweiten das Tor für die weiteren Ergebnisse der Physik geöffnet. Bemerkenswert in diesem Zusammenhang sind die Arbeiten von EINSTEIN 1915/17, in welchen er die aus der Chemie entstammende reaktionskinetische Betrachtungsweise zur Prüfung der Frage der Kompatibilität der Lichtquanten mit der Gleichgewichts-Hohlraumstrahlung herangezogen hat. Sie tritt bei ihm selbständig und unabhängig neben die Mechanik, da sie nicht von Bewegung — Veränderung an Gegenständen in Ort und Zeit ausgeht, sondern von Veränderung von Gegenstandsarten (Teilchen, Zuständen) in der Zeit. Daß es unveränderliche Teilchen und deren Zustände gibt, ist ein der Klassischen Physik fremdes Element. Es entstammt eindeutig der Chemie.

Für Vorgänge dieser Art hatte ARRHENIUS 1889 eine Formel angegeben und später auch mit Vorstellungen der Gastheorie begründet, wonach die Zahl Z_R der Reaktionen pro Sekunde durch einen Exponentialausdruck gegeben ist, der sich unschwer als Wahrscheinlichkeit von Stößen mit einer für die Aktivierung der Reaktion ausreichenden kinetischen Energie A interpretieren ließ:

$$Z_R = Z_g \, e^{-A/kT}, \tag{1}$$

wo Z_g die Zahl aller Zusammenstöße ist. Die reaktionskinetische Bilanzbeziehung für den Zerfall der Moleküle N_1 in irgendeine andere Sorte ist gegeben durch:

$$\frac{dN}{dt} = Z_R, \tag{2}$$

woraus, je nachdem, ob es sich um einen monomolekularen Zerfall oder um eine Reaktion höherer Ordnung handelt, das bekannte Exponentialgesetz nach Art des radioaktiven Zerfalls oder ein Hyperbelgesetz für bi- oder poly-molekulare Reaktionen folgt.

Da die in die Stoßzahlen eingehenden Größen im Sinne der kinematischen Gastheorie Wahrscheinlichkeitsgrößen sind, liefern die Reaktionsgleichungen bei Verzicht (infolge der nicht übersehbaren Anfangsbedingungen) auf explizite räumliche Beschreibung eine exakte Beschreibung des gemittelten zeitlichen Verhaltens.

Nun beherrschen Reaktionsgleichungen des Typs (2) meist in Form von simultanen Differentialgleichungen das Geschehen im weitesten Sinne des Wortes:

Die Fusion im Inneren der Sonne und ähnlicher Sterne, die Strahlung der heißen Plasmen der Sternatmosphären und irdischer Strahlungsquellen werden ebenso von ihnen erfaßt, wie etwa die Fehlordnung in einem Kristall, die elektronische Leitfähigkeit, die chemischen Reaktionen in der Biologie bis zu Fragen der Replikation der DNA.

Offenbar handelt es sich hier um eine Gesetzmäßigkeit, deren Universalität nicht geringer ist als die der NEWTONschen Bewegungsgleichung, aber mit einer neuen Qualität, einer Wahrscheinlichkeitsaussage als Lösung eines Vielteilchenproblems mit nicht voll erfaßbaren Anfangsbedingungen.

Wir unterscheiden demnach zwei Typen von Grundgleichungen der Physik, die einerseits zu der reversiblen (NEWTONschen) Zeit und andererseits zur irreversiblen (BOLTZMANN-GIBBSschen) Zeit gehören:

a) Die dynamischen Gleichungen. Diese haben entweder die Form des NEWTONschen Bewegungsgesetzes

$$m\, \mathrm{d}^2x/\mathrm{d}t^2 = K(Q, x, t, \dot{x}),$$

oder sie sind von der Form der D'ALEMBERTschen Wellengleichung (bzw. der MAXWELLschen oder EINSTEINschen usw. Feldgleichungen):

$$\frac{\partial^2 \Phi}{c^2 \partial t^2} - \frac{\partial^2 \Phi}{\partial x^2} = Q(x, t, \dot{x}).$$

b) Die Transportgleichungen von der Form der BOLTZMANNschen Stoßgleichung (oder der ARRHENIUS — VAN'T HOFFschen Reaktionsgleichungen etc.).

$$(\mathrm{d}/\mathrm{d}t)\, N_i = f(N_1, N_2, \ldots;\quad b_{12}, b_{13}, \ldots;\quad E_1, E_2, \ldots).$$

Die Wellen- bzw. Feldgleichungen sind partielle Differentialgleichungen für ein Kontinuum, die Bewegungsgleichungen dagegen totale Differentialgleichungen. Auf Grund der Atomistik und der kinetischen Gastheorie ließ sich z. B. die Wellengleichung der Akustik in der oben geschilderten Weise auf die NEWTONschen Bewegungsgleichungen für die Moleküle zurückführen. — Dagegen führte EINSTEIN später die relativistischen Bewegungsgleichungen für schwere Massen m auf die Integrabilitätsbedingungen für seine Gravitationsfeldgleichungen zurück.

Die Bewegungsgleichungen und die Wellen- (bzw. Feld-)Gleichungen enthalten die 2. Ableitungen nach der Zeit t; sie sind gegen Zeitspiegelung $t \rightarrow -t$ symmetrisch. (Diese Zeitsymmetrie besteht auch bei den SCHRÖDINGERschen und den DIRACschen Materie-Wellen-Gleichungen, in denen die 1. Ableitungen $\partial/\partial t$ mit einem imaginären bzw. einem hyperkomplexen „Radizierungs"-Faktor multipliziert sind.)

Die BOLTZMANNschen Stoßgleichungen (die Transportgleichungen usw.) enthalten dagegen 1. Ableitungen nach der Zeit t und sind gegenüber Zeitspiegelungen asymmetrisch. BOLTZMANN führte aber diese „Brechung der Zeitsymmetrie" auf die Statistik der Anfangswerte zurück und reduzierte mittels der Atomistik die Stoßgleichung auf die NEWTONschen Bewegungsgleichungen der Moleküle. Er erklärte also die Gleichungen vom irreversiblen (dissipativen) Typ b) für reine makroskopische Phänomenologie — analog der Wellengleichung in der Akustik.

Der Weg, den die kinetische Gastheorie und nach ihr die Quantenphysik gegangen ist, war festgelegt durch die WARBURGsche Kennzeichnung der Aufgaben der Physik; somit wurden die in die Reaktionsgleichungen eingehenden Größen wie Energie und Querschnitte auf Bewegungsvorgänge nach Art von a) zurückgeführt, möge es sich auch um die viel abstrakteren Begriffe der Quantenphysik dabei handeln. Es ist aber in der Sache keineswegs zwangsläufig, daß in der Natur sich alles auf die Gesetze von

Typ a) zurückführen läßt. Es ist das Verdienst der Quantentheorie, aufgedeckt zu haben, daß das atomare Geschehen sich nach Gesetzen vom Typ a) in einer abstrakten Mannigfaltigkeit abspielt, während die makroskopischen Dinge (Meßgeräte, Sonden), durch die wir von ihm Kunde erhalten oder das atomare Geschehen nutzen, naturgemäß in unserer 4-dimensionalen Raum-Zeit darstellbar bleiben.[1])

---

[1]) MAXWELL, HELMHOLTZ, KELVIN und BOLTZMANN erstrebten im vorigen Jahrhundert eine Reduzierung der Feldphysik auf die Mechanik. Seit HERTZ und LORENTZ und EINSTEIN wissen wir, daß dies nicht möglich ist, und bereits HERTZ stellte die Theorie des elektromagnetischen Feldes als „Theorie der MAXWELLschen Gleichungen", als eine Physik von Prinzipien eigenen Rechtes neben die Prinzipien NEWTONS. Die auf HERTZ folgende Physiker-Generation erstrebte dann umgekehrt die Reduzierung der Mechanik NEWTONS auf die Elektrodynamik (ABRAHAM, MIE, SOMMERFELD, J. THOMSON u. a.): es entstanden die elektrodynamischen Modelle der Elementarteilchen (d. i. hier der Elektronen) von LORENTZ, THOMSON, ABRAHAM und MIE. – EINSTEINS Spezielle Relativitätstheorie rehabilitierte aber die Mechanik, indem sie die Prinzipien der Lokalität und Kausalität aus der Feldtheorie in die Axiomatik des Raum-Zeit-Lehre der Dynamik übernahm und gleichzeitig nachwies, daß das „Elektron" tatsächlich ein „Fremdkörper" in der Feldtheorie ist. – Demgegenüber zeigte EINSTEIN aber, daß die (nichtlinearen) Gravitationsfeldgleichungen seiner Allgemeinen Relativitätstheorie Integrationsbedingungen enthalten, welche die makroskopischen Bewegungen der Körper in Abhängigkeit von ihrer Struktur implizieren. Doch bleiben auch in der Allgemeinen Relativitätstheorie die Teilchen „Fremdkörper", die ad hoc in die Gravitationsgleichungen eingeführt werden. – Diese Entwicklungen zeigen immerhin die Problematik der Vorstellung einer Reduzierbarkeit der Physik auf Gesetze eines bestimmten Typs.

(Einer von uns (H.-J. T) hat die Erfolge und Probleme von EINSTEINS Programm in einem Plenar-Vortrag 1975 dargelegt).

„Ehe wir zu Betrachtungen einer physikalische Prinzipien einschließenden Frage übergehen, sollten wir von klaren Vorstellungen über das natürlich Mögliche und Unmögliche ausgehen."

MICHAEL FARADAY (1791–1867)

3. Physikalische Grundlagenforschung in Perspektive

I. In den letzten Jahren hat die Bedeutung der Grundlagenforschung in den klassischen Disziplinen Physik, Chemie, Biologie und Mathematik für die gesellschaftliche Entwicklung in der DDR durch zahlreiche Diskussionen eine Klärung erfahren, die zu Beschlüssen kompetenter Gremien über ihre langfristige Sicherung führten. Es ergab sich, daß die sozialistische Gesellschaft eine disziplinäre Grundlagenforschung in diesen klassischen Disziplinen in angemessenem Umfang und auf wohlausgewählten Gebieten für ihre gesellschaftliche Entwicklung benötigt, die sowohl Themen von perspektivischer Bedeutung an Einrichtungen von Akademien und Hochschulen wie eine z. T. noch zu entwickelnde zweigspezifische Grundlagenforschung in der Industrie umfaßt.

Hierbei entsteht naturgemäß die Frage, was unter „angemessen" und „wohlausgewogen" zu verstehen ist. Insbesondere bleibt offen, ob die heute näherungsweise gültige Relation — Grundlagenforschung: Angewandte Forschung + Entwicklung: Technologische Vorbereitung der Produktion = 1:10:100 — tatsächlich als konstant anzusehen ist, oder ob sie sich (etwa wegen des ständig wachsenden Fundus an Grundlagenerkenntnissen und der wachsenden Möglichkeiten, durch interdisziplinäre Kombination zu Erkenntnissen zu gelangen) mit der Zeit ändern wird in dem Sinne, daß der Anteil der nicht anwendungsorientierten Forschung relativ weiter zurückgehen wird.

Die fachspezifische Grundlagenforschung in der Physik hat ein von ihrem Gegenstand definiertes Optimum an quantitativem Einsatz, das unabhängig vom Anwachsen der Anwendungen in der Physik und der Forschungen hierzu ist.

Die angewandte Forschung, die Technologie usw. wachsen mit dem gesellschaftlichen Bedarf. Der sachgemäße Umfang der internen Grundlagenforschung zur Physik ist dagegen „innerphysikalisch" bestimmt und ändert sich nicht unbedingt mit Vergrößerung des Angebotes an Forschungspotential.

II. Wir beobachten, daß aus der Wechselwirkung von Wissenschaft mit der Produktion, allgemeiner gesagt, mit der gesellschaftlichen Praxis, überhaupt mit ihrer Wirksamkeit verschiedenster Art, täglich neue, bedeutungsvolle Probleme für die Wissenschaft entstehen, die man dann als fundamental bezeichnen kann, wenn ihre erfolgreiche Bearbeitung unsere gesellschaftliche Entwicklung zu fördern oder sogar ihr neue Wege zu eröffnen geeignet ist. Alle diese Impulse bereichern zweifellos die Wissenschaft, auch wenn sie gelegentlich für die Einzeldisziplin schwierig und unbequem sind.

Grundlegend neue Begriffsbildungen, wie sie kennzeichnend sind für wesentliche Etappen, entstehen nicht aus der inneren Entwicklung der Physik allein; sie ergeben sich vielmehr erst aus dem „Kontext", in den die Physik ihrer Zeit eingeordnet ist. Denn aus dem „Ist-Stand" der Physik sind ja die grundlegend neuen Ideen nicht ableitbar; sie ergeben sich aus „wilden Analogie-Schlüssen" und aus „Anleihen" außerhalb der Physik. Aus demKontakt mit der Praxis entstehen so mitunter Fragestellungen, die an die tiefsten Grundlagen unserer wissenschaftlichen Erkenntnisse rühren, deren Beantwortung aber manchmal längere Zeit auf sich warten läßt. Unsere wissenschaftliche Erkenntnis, errungen mit den uns bis heute zur Verfügung stehenden Methoden, geeignet, viele Seiten der Geschehnisse in der Wirklichkeit zu verstehen, zu reproduzieren und auch zu beeinflussen oder zu gestalten, erfaßt nicht alle Seiten der Wirklichkeit. So bleibt im Prinzip der Weg zu immer weiterem forschenden Eindringen offen, zu einer Grundlagenforschung ohne Abschluß.

Wenn wir — entsprechend dem von Physikern entwickelten Gebrauch — die heute fundamentalen Probleme der Physik in etwa drei Gruppen unterteilen, nämlich solche für Probleme extremer gesellschaftlicher Relevanz (Gruppe A), solche für die Entwicklung anderer Wissenschaftsdisziplinen bedeutungsvollen bis ausschlaggebenden (B) und solche von interner Bedeutung (C), dann ist im Sinne des oben Gesagten zum mindesten für die erste Kategorie von Problemen tatsächlich keine Grenze der fundamentalen Forschung zu sehen; ihr Ausmaß richtet sich nach dem Ausmaß der Realisierungsmöglichkeiten in personeller und materieller Hinsicht und daher auch nach den gesellschaftlichen Bedürfnissen.

III. Bedeutet das aber, daß wir so mit einem dauernden Zuwachs an Grunderkenntnissen rechnen können und müssen? Unter Grunderkenntnissen wollen wir mit A. Einstein solche verstehen, die überall Geltung haben, sofern die Begriffe, in denen sie formuliert sind, auf die betreffende reale Situation passen, adäquat sind für ihre Widerspiegelung.

Unsere Grunderkenntnisse sind zutreffende Aussagen über die Wirklichkeit. Entsprechend der außerordentlichen Mannigfaltigkeit der Wirklichkeit, die sowohl die Dinge der unbelebten Natur wie die durch das Leben und besonders auch in zunehmendem Maße die vom Menschen geschaffenen bzw. veränderten Dinge und Situationen umfaßt, gibt es Grunderkenntnisse zu den verschiedensten Sachverhalten. Je nachdem, ob es sich um einen allgemeinen oder einen speziellen Sachverhalt handelt, ist der Geltungsbereich der Aussage mehr oder weniger breit.

Sachverhalte, die „natürlich“ vorkommen, sind z. B. die Planetenbewegung oder der radioaktive Zerfall; Sachverhalte, die die vom Menschen geschaffenen Dinge betreffen, sind z. B. die Festigkeitseigenschaften von Brücken und Bauwerken oder die Stromverteilung in Leitersystemen oder die Verstärkerfunktion elektronischer Bauelemente.

Innerhalb jeder dieser beiden Kategorien — der natürlich vorkommenden und der vom Menschen geschaffenen — gibt es manche Unterschiede.

Aussagen wie: es gibt eine Trägheit (GALILEI) oder Organismen stammen von Organismen ab (PASTEUR), sind extrem verschiedenartig, haben aber beide einen breiten Gültigkeitsbereich.

Wir halten PASTEURS Nachweis, daß Organismen immer nur aus Organismen entstehen und es keine generatio spontana gibt, für eine Grunderkenntnis der Naturwissenschaft mit weitreichenden Konsequenzen für Medizin, Hygiene und Technologie (Pasteurisierung usw.). Dennoch sind zur Zeit Chemiker, Biologen und Geologen mit offensichtlichem Erfolg bemüht, die Entstehung des Lebens auf der Erde zu einer frühen Epoche der Erdgeschichte umfassend zu erforschen.

GALILEIS Trägheitsgesetz ist ein Grundprinzip der Physik. Trotzdem wird die von HUYGENS bis MACH wiederholt gestellte Frage nach den kosmologischen Bedingungen für die Massenträgheit ein Ausgangspunkt für EINSTEINS Begründung der Allgemeinen Relativitätstheorie und sie ist auch heute ein Grundlagenproblem der theoretischen Kosmologie, welches die sogenannte „MACH-EINSTEIN-Doktrin" positiv lösen möchte.

In denselben Jahren, in denen A. EINSTEIN, M. SMOLUCHOWSKI und J. PERRIN die Existenz der stabilen chemischen Atome endgültig nachwiesen (und damit auch Gegner der Atomistik wie W. OSTWALD überzeugten), begann mit der Erforschung der Radioaktivität durch die CURIES, den Atommodellen von LENARD, RUTHERFORD und BOHR und der experimentellen Kernphysik RUTHERFORDS die Erforschung der inneren Struktur der Atome und die physikalische Transmutation der chemischen Elemente mit ihren gewaltigen technischen Konsequenzen.

IV. Nicht alle Grundlagenerkenntnisse liegen in mathematisch formulierbarer Form vor. Die mathematische Formulierung ist in gewisser Hinsicht eine extensionale Vereinfachung des in der Natur vorliegenden Tatbestandes: andererseits enthält jede mathematisch formulierte Theorie Aussagen, die – obwohl formal konsistent – keinen Bezug zur Wirklichkeit haben. Denn man kauft immer eine „vollständige" mathematische Theorie ein, und diese enthält notwendig rein innermathematische Strukturen. – Es mag auch Erkenntnisse von der Art der DARWINschen Evolutionslehre geben, die mathematisch überhaupt nicht formulierbar sind (PRIGOGINE glaubt allerdings, für DARWIN eine mathematische Theorie anbieten zu können). Es ist also wichtig, zu beachten, daß die mathematische Formulierbarkeit weder ein notwendiges, noch ein hinreichendes Kennzeichen von Grunderkenntnissen ist.

De facto führt bereits die Atomistik zu einer Revision der klassischen analytischen Hilfsmittel der mathematischen Physik mit ihren Differenzierbarkeitsannahmen, worauf schon F. KLEIN bei seiner Gegenüberstellung von Präzisions- und Approximationsmathematik hinwies. J. PERRIN bemerkte 1914, daß die Bahnen der suspendierten Teilchen bei deren BROWNscher Bewegung, die ihrerseits gemäß EINSTEIN aus der Atomistik der statistischen Thermodynamik von BOLTZMANN und GIBBS herleitbar sind, sich für den Beobachter als stetige Kurven darstellen, die an keiner Stelle differenzierbar sind, d. h. nirgends eine Tangente besitzen. PERRIN beschrieb also die Teilchenbahnen bei der BROWNschen Bewegung als BOLZANO-WEIERSTRASSsche Funktionen. Diese Stetigkeit und Nichtdifferenzierbarkeit der BROWNschen Bewegung verwendete später N. WIENER, um allgemein stetige, aber nirgends differenzierbare Funktionen stochastisch mit Hilfe der EINSTEIN-SMOLUCHOWSKIschen Theorie zu behandeln.

Die Kennzeichnung als Grunderkenntnis kommt vielmehr in einem komplexen Prozeß des Zusammenwirkens von mathematischen, theoretischen, experimentellen Forschungen und der ständigen Bewährung in der gesellschaftlichen Praxis, vornehmlich der industriellen Produktion zustande)[1]. Man kann sich an das Wort von H. WEYL halten: „Die Mathematik ist richtig, weil die Physik stimmt". Wenn man es fortsetzt: Die Physik stimmt, weil unsere Energienetze funktionieren, unsere Chemieproduktion geht und das alles ohne „mystische Erscheinungen" nach Art des „Bermuda-Dreiecks"! Das wiederum bedeutet keineswegs, daß an den Grundlagen der Mathematik oder der naturwissenschaftlichen Hauptdisziplinen alles klar wäre. Es sei nur an die in den 20er Jahren sehr ernst genommenen Grundlagenparadoxien der Mathematik erinnert, an die man sich inzwischen nach einem Wort von GOEDEL gewöhnt hat, wie an das Verbot der Division durch Null, oder an die vielen unklaren Probleme in der Physik, von denen weiter unten die Rede sein wird.

Ein Punkt ist sicher: Jede neue Grunderkenntnis impliziert einen methodischen Fortschritt. Das wissenschaftliche Problem und die Methode, die ihm adäquat ist, bilden eine Einheit.

V. Wir müssen nun zweierlei bedenken: Einmal ist es nicht gesagt, daß unsere heutigen Methoden, unser Bemühen, die „Wirklichkeit so zu sehen, wie sie ist", die Wirklichkeit beliebig gut widerzuspiegeln in der Lage sind. A. EINSTEIN wird der Ausspruch zugeschrieben: „Die gesetzmäßige Verknüpfung der Geschehnisse in der Wirklichkeit schienen ihm viel weitgehender zu sein, als wir mit unserer Vorstellung über kausale Verknüpfung wiederzugeben imstande wären". Wir wissen, daß jede Methode ihre Grenzen hat. So erfolgreich z. B. die Aussage beantwortet werden kann, wie sich nach der SCHRÖ-

---

[1]) Diese Zusammenhänge, insbesondere die Beziehungen zwischen Mathematik und theoretischer Physik, sind in letzter Zeit von K. FUCHS behandelt worden. Wir wollen das, was dort gesagt wurde und was unseren Auffassungen entspricht, nicht wiederholen.

DINGER-Gleichung ein Elektron im Felde eines Protons bewegt, so wenig befriedigend ist die Aussage, daß ein Festkörper mit 10^{22} Atomen/ccm grundsätzlich durch die Angabe von 10^{22} SCHRÖDINGER-Gleichungen der ihn aufbauenden Atome beschrieben ist. Während die erste Aufgabe Lösungen hat, die die Wirklichkeit weitgehend treffend wiedergeben, ist bei der zweiten nicht gesagt, ob überhaupt der Ansatz vom Einzelatom her imstande ist, die Fülle der kooperativen Phänomene in einem Festkörper wiederzugeben. Jedoch ist auch sicher, daß die Festkörperphysik nicht im Widerspruch zur SCHRÖDINGER-Gleichung steht.

Leistungsfähige Methoden zu entwickeln ist zwar wieder „im Prinzip" möglich, kostet aber Arbeit und Zeit und gelingt kaum „auf Abruf". Außerdem setzen sie vielleicht eine Entwicklung der Denkfähigkeit voraus, über die wir uns noch keine rechte Vorstellung machen können. Die „Denkfähigkeit" ist u. E. biologisch und aus dem Prozeß der Menschwerdung bedingt und somit in der menschlichen Geschichte eine fast vorgegebene bzw. nur langsam veränderliche Größe (sozusagen „a priori"). Nicht abgeschlossen — und auch prinzipiell nicht abschließbar — sind die Denkinhalte (Prinzipien, Postulate, Begriffe usw.).

De facto ist es offenbar so, daß, obwohl die Unerschöpflichkeit der Welt zu einem beliebig großen Vorrat an fundamentalen Zusammenhängen und Grunderkenntnissen führen sollte, wegen der begrenzten Leistungsfähigkeit der Methoden jeweils nur eine Auswahl davon unserer Erkenntnis zugänglich ist — die zwar theoretisch beliebig vergrößert werden kann, praktisch aber nicht zu jedem beliebigen Zeitpunkt.

VI. Man kann noch einen weiteren Gesichtspunkt anführen: Der Problemvorrat der Grundlagenforschung wächst ständig mit der Gesamtentwicklung der Wissenschaft. Die Zahl der ausformulierbaren Probleme wächst ständig an: aber nicht nur ihre Beantwortbarkeit, sondern vor allem auch ihre Relevanz sind zu prüfen. Die Mehrzahl der „sinnvollen“ Fragen ist keiner Antwort wert, weil aus einer solchen nichts Wesentliches folgen würde. Aus der interdisziplinären Verbindung von Naturwissenschaften, Medizin und den technischen Wissenschaften und auch aus der wissenschaftlichen Vorbereitung und Durchdringung der Applikation, der gesellschaftlichen Wirksamkeit ergeben sich zahlreiche neuartige Fragestellungen. Hierbei kommt immer mehr die Verbindung zu gesellschaftswissenschaftlichen Disziplinen zum Tragen, was wechselseitig den gleichen stimulierenden Effekt ausüben wird, wie die interdisziplinäre Verbindung der Naturwissenschaften es bereits für diese getan hat.

VII. Mit der Aussage, daß es unter den Grunderkenntnissen solche gibt, die einen sehr großen Anwendungsbereich bzw. Gültigkeitsbereich haben und adäquat zur Abbildung der Wirklichkeit in sehr vielen Situationen oder aber wieder spezieller an bestimmte Sachverhalte gebunden sind, soll keine Wertung ausgesprochen werden. Das wäre sinnlos; es ist verständlich, daß Aussagen wie

a) Gegenstände lassen sich abzählen,

b) die elektrische Ladung ist immer $\pm e$ oder Vielfache davon, oder 0,

extrem allgemein gelten, ohne im Konkreten viel auszusagen.[1]) Aber der Verweis auf solche allgemeinen Aussagen kann, wenn es um Existenz- (bzw. Nicht-Existenz-) oder Eindeutigkeitsfragen geht, bereits alles enthalten! Die allgemeine Aussage erspart dann spezielle Untersuchungen. Wenn gezeigt wird, daß die positive Lösung einer Aufgabenstellung gegen ein allgemeines physikalisches Prinzip verstoßen würde, ist diese Aufgabenstellung damit erledigt.

---

[1]) Vergleiche hierzu die Bemerkungen von K. Fuchs zum Unterschied von Mathematik und Physik.

VIII. Wir wollen diese Frage aus Gründen, die gleich genannt werden, noch weiter einengen. Genügen die heute vorliegenden Grunderkenntnisse von Natur- und Gesellschaftswissenschaften, um das zu verstehen, was für unser Leben und dessen ständige Verbesserung und Sicherung relevant ist? Es gibt Physiker, die geneigt sind, diese Frage zu bejahen. Die Leistungsfähigkeit unserer Wissenschaft ist außerordentlich groß. Es gibt wohl kein Problem unserer modernen Technik, das sich nicht bei entsprechendem Aufwand wissenschaftlich bearbeiten ließe in dem Sinne, daß es zu qualitativen oder quantitativen Aussagen geführt werden kann, die, ausgehend von den heute bekannten Grunderkenntnissen der Physik, Chemie, Biologie unter Nutzung mathematischer Ergebnisse und Methoden eine produktive aussagekräftige Generalisierung spezieller Tatbestände darstellen. Dabei ist die Deduktion aller Einzelheiten aus den Grundgesetzen nicht obligatorisch. In den meisten Fällen erlaubt bereits die Kompatibilität mit ihnen eine Bearbeitung des Problems.

Durch die Beherrschung des atomar-molekularen Bereiches von einem Tausendstel bis einigen 1000 eV wird de facto das Geschehen in weitesten Gebieten des Universums — natürlich auch der Erde — kontrolliert. Es ist auch nicht zu erwarten, daß neue Entdeckungen aus der „Peripherie kleiner wie großer Energien" etwas ändern würden.

Die Frage, welche Energiebereiche „peripher" sind, erscheint aber sub specie des Kosmos anders als aus der Sicht unseres Alltags. Im Universum ist der Zustand der Materie auf der Erdoberfläche sehr peculiar. In den riesigen interstellaren Räumen laufen meist nur extrem niederenergetische Prozesse ab (mit beliebigen „verbotenen Übergängen"). Im Innern der Sterne finden dagegen Energieumsetzungen von einigen MeV (und auch noch sehr viel größer) statt. Es gibt auch „natürliche kosmische Prozesse", die extrem hochenergetisch sind (mit noch größeren Energien als 10^{20} MeV!) als sie z. Z. die Hochenergiebeschleuniger produzieren können).

Die Grunderkenntnisse gelten zwar universell, mit Notwendigkeit. Es ist aber nicht genügend, sie zu kennen, um alle Grundphänomene in Physik, Chemie, Biologie zu verstehen. Ihre Kenntnis ist bestimmt nicht überflüssig, aber offenkundig nicht hinreichend. Die Grundlagenerkenntnisse ersparen uns nicht spezielle Untersuchungen. Auf der anderen Seite gibt es bedeutende Fragen, auf die nach Ansicht vieler Physiker noch keine befriedigende Antwort gefunden wurde. Wir brauchen dabei keineswegs nur an die Physik der Elementarteilchen zu denken, an die extrem kleinen Dimensionen unter 10^{-13} cm, oder an die Geschehnisse in kosmischen Dimensionen und Zeiten.

In dem für unser Leben maßgebenden Dimensions- und Energiebereich haben wir in den meisten Fällen die Möglichkeit, auf das Wahrheitskriterium nach F. Engels zurückzugreifen, das Kriterium der Bestätigung durch die gesellschaftliche Praxis, vor allem in der materiellen Produktion, so daß die Gesetze der Physik, die sich auf diese Bereiche beziehen, als äußerst gut gesichert angesehen werden. Und auch in diesem Bereich gibt es offene Fragen seit vielen Jahrzehnten. Was wissen wir über irreversible Thermodynamik oder über dissipative Systeme? Doch kaum mehr als Definitionen und erste tastende Schritte. Sind hier Grunderkenntnisse zu erwarten, die wir noch nicht ahnen, weil uns das adäquate Begriffssystem fehlt?

Es war die Stärke der Physik seit Galilei und Newton mit wenig speziellen Daten sehr viele Naturphänomene bewältigen zu können. Im Bereich der menschlichen Schöpfungen, dem Kompetenzbereich der Technologie, kommt man ohne ein großes Datenmaterial nicht aus. Ähnlich scheint es in Nachbargebieten der Physik zu sein, wie Geophysik, Astrophysik, die sich auf konkrete Einzelobjekte beziehen.[1])

[1]) Vielleicht wird es der Physik extrem kleiner Dimensionen auch so gehen; wird es immer neue „Erhaltungssätze" geben oder eine immer bessere Beherrschung von Fallunterscheidungen?

IX. Auf der anderen Seite genügt das Vorhandensein wissenschaftlicher Grunderkenntnisse, auch ohne daß jedes Detail der Wirklichkeit dadurch bereits wiedergebbar wäre, um mit an Gewißheit grenzender Wahrscheinlichkeit das Walten unbekannter, insbesondere „überirdischer Kräfte" in der Natur auszuschließen. Es ist leider bis auf den heutigen Tag nicht überflüssig, darauf hinzuweisen. Unsere gesamte methodische Erfahrung, die zu der gekennzeichneten enormen Leistungsfähigkeit der Wissenschaft geführt hat, besagt, daß es solche Kräfte nicht gibt, daß sie zu negieren der einzig fruchtbare Weg zu weiterer Erkenntnis ist.

Wenn deshalb sicher nicht die biologische Evolution in ihren Einzelheiten aus den physikalischen Grunderkenntnissen deduziert werden kann, dann sichern diese doch, daß für „Gottes Walten" kein Platz ist — wenn man nicht unter „Gottes Walten" die Existenz der von Boltzmann-Gibbs entdeckten Wahrscheinlichkeitsgesetze verstehen will. (Nach Einstein wäre eher die Probabilistik der Quantenmechanik ein „Würfelnder Gott"!)

X. Wir stehen darüber hinaus vor folgender Situation: Es gibt Erkenntnisse, die von zweifelloser wissenschaftlicher Bedeutung sind, die wir aber derzeitig und wohl auch in absehbarer Zeit zur Verbesserung unseres Lebens und unserer Technik nicht explizit brauchen, da sie trivialer Weise gelten oder uns nicht betreffen. Damit ist natürlich nicht gesagt, daß wir an ihnen nicht arbeiten sollten, denn so wie wir selbst vom Erkenntnisfundus leben, den Generationen vor uns angefüllt haben, so sollten wir dafür sorgen, daß für spätere Zeiten einiges eingebracht wird. Man muß hierbei allerdings bedenken, daß die Nutzung der Wissenschaft in unseren Tagen für die Stärkung des Sozialismus und damit des Friedens eine vorrangige Bedeutung besitzt, und daß der elementar angehäufte Wissensfundus sehr groß geworden ist. Es ist deshalb gewissenhaft zu prüfen, wieviel und was wissenschaftlich „auf Lager" gearbeitet wird — vor allem auch deshalb, weil, wie oben gesagt, die Begegnung mit den echten Problemen unseres Lebens immer neue Fragestellungen für die Wissenschaft eröffnet, die unter Umständen interessanter und wissenschaftlich fruchtbarer sein können als die heute bekannten. Das „Wissen auf Lager" ist in der Tat problematisch. Gelagerte Forschungsergebnisse können methodisch veralten, so daß sie, wenn sie dereinst benötigt werden, nicht mehr dem nunmehrigen methodischen Standard entsprechen.

Fragestellungen, die aus dem Leben gegriffen sind, sind wissenschaftlich nicht notwendig weiterführend, auch dann nicht, wenn ihre Antworten lebensnotwendig sind. Wissenschaftliche und gesellschaftliche Relevanz sind nicht automatisch gekoppelt.

XI. Neuartige Feststellungen entstehen, wie bereits gesagt, vor allem interdisziplinär aus der Kombination verschiedener Disziplinen mit zum Teil unterschiedlichem Vertiefungsgrad und haben dadurch oft den Vorteil, mit relativ kleinem Aufwand beachtliche Erkenntnisse zu liefern, während das „frontale" Vorgehen bei den klassischen großen Problemen meist nur noch mit sehr hohem und mit der Vertiefung enorm wachsendem Aufwand zu gewissen Erfolgen in absehbarer Zeit führt — wenn überhaupt — was angesichts der Unerschöpflichkeit der Welt ein Problem sui generis ist.

Es ist auch keineswegs sicher, daß sich prinzipiell neuartige Methoden finden lassen, da die heute bekannten Methoden weitgehend in einem langwierigen Prozeß der Dialektik unserer alltäglichen Wirklichkeit angepaßt worden sind, und die Teile der Wirklichkeit, die wenig Ähnlichkeit damit haben, sich offenbar doch nur durch Denkmittel unserer konventionellen Methoden verstehen lassen. So ist zweifellos die Klassische Physik der Erfahrung unseres Alltags — im weitesten Sinne des Wortes — angepaßt; wir können aus ihr die Quantenphysik nicht ableiten, wir können diese aber ohne die Klassische Physik nicht verstehen.

Ein bekanntes Wort von L. SZILLARD besagt: „Wir dringen immer tiefer in die Geheimnisse der Natur vor und entfernen uns immer mehr „von zu Hause". Das ist zweifellos ein beachtenswerter Ausspruch und wäre so zu verstehen, daß wir das, was wir dort im Urwald der Wirklichkeit · sehen, nicht für „zu Hause" anwenden können, entweder an sich nicht, oder weil der Transport nach Hause zu mühsam ist — aber auch so, daß wir die Dinge, die wir dort sehen, nicht verstehen, weil Verstehen Zurückführen auf das Verhalten der uns umgebenden Dinge und Vorgänge bedeutet.

XII. Wir wollen versuchen festzuhalten, was wir mit unserer Wissenschaft erreicht haben: Die Physik lehrte uns Bewegungsvorgänge, räumliche Veränderungen in der Zeit zu verstehen, d. h. auf tieferliegende Gesetzmäßigkeiten zurückzuführen. Diese tieferliegenden Gesetzmäßigkeiten sind letztlich die Prinzipien der Mechanik im Sinne von NEWTON. Das gilt sowohl für individualisierbare Dinge wie für Medien. Das Verständnis erfolgt dabei „more mechanico". Es ist nicht möglich, die Transversalität der elektromagnetischen Wellen und die Konstanz ihrer Ausbreitungsgeschwindigkeit unter diesem Aspekt zu verstehen. Hier stoßen wir auf die Grenze der Leistungsfähigkeit der Methode nach „Art der Mechanik".

Die relativistische Mechanik ließ sich in wunderbarer Weise mit der Elektrodynamik formal zusammenfassen, aber die Atomistik der Chemie und der Elektrizität bleiben Fremdkörper in ihr. Die Chemie hat uns andererseits gelehrt, Wandlungsvorgänge zu verstehen, Veränderungen der Stoffqualitäten in der Zeit. Die moderne Physik hat die chemische Denkweise assimiliert und als gleichberechtigt anerkannt, so daß wir neben den mechanischen auch die chemischen Grundvorstellungen als Basis unseres Verstehens ansehen können.[1]

[1] Nach N. BOHR sind beide komplementär zueinander, sie schließen sich gegenseitig aus und ergänzen sich gegenseitig.

Die Relativitätstheorie machte das für die GALILEI-NEWTONsche Mechanik völlig „verrückte“ Prinzip der Konstanz der Lichtgeschwindigkeit zur Grundlage einer neuen Kinematik und rettete dadurch die Mechanik mit NEWTONS Prinzipien entsprechend deren Neuinterpretation durch EINSTEIN und PLANCK. Aber die relativistische Kinematik machte die Atome und Elementarteilchen endgültig zu Fremdkörpern in der Elektrodynamik. Und nach der relativistischen Dynamik ist bereits das Zwei-Körper-Problem nicht mehr geschlossen lösbar, ja es führt grundsätzlich auf ein Problem mit unendlich vielen Freiheitsgraden.

In der Quantenphysik ist die Zahl der mechanisch völlig unverständlichen Verhaltensweisen groß. Alle diese Komplikationen haben — wie oben gesagt — nicht verhindert, daß in jedem speziellen Falle die Physik außerordentlich leistungsfähig geworden ist, und daß ihre Aussagen sich in geradezu wunderbarer Weise bestätigt haben. Man denke nur an die Verlängerung der Zerfallzeit der Mesonen hoher Geschwindigkeit. Die Verlängerung der Zerfallzeit der Mesonen ist ein Effekt der EINSTEIN-Dilatation der Zeit und der direkte Nachweis des vieldiskutierten Zwillings-Paradoxons.

XIII. Die Wissenschaft wurde — und wird — von Menschen geschaffen und hat „menschliche Züge“, ihr Vorgehen richtet sich durchaus nach Erfolgsaussichten, die durch die Methoden gegeben sind, und umgeht Fragen, zu deren Behandlung wenig Aussicht auf Erfolg zu sehen ist.

Die Geschichte der Wissenschaft zeigt jedoch, daß bei weiterem erfolgreichen Vordringen vorher unlösbare Probleme gelegentlich sozusagen „von allein“ geklärt werden konnten.

So war es damals mit den chemischen Kräften, die im Gegensatz zu den physikalischen, gravischen und elektrischen, absättigbar und gerichtet waren (Valenz). Sie ergaben sich dann bei der Durcharbeitung der Quantenphysik, die zur Klärung der Spektralverteilung der schwarzen Strahlung und des Photoeffektes gedient hat, 30 Jahre danach nebenher.

Wir wissen zwar sehr vieles nicht, sind aber imstande, mit den Dingen umzugehen. Das dynamoelektrische Prinzip wurde gefunden, lange bevor der Träger der Elektrizität, das Elektron, gefunden worden war. Andererseits hätte es nicht gefunden werden können ohne Eisenblech und Kupferdraht. Deren Technologie war unerläßliche Voraussetzung! Die Aussage „mit den Dingen umzugehen verstehen" möchten wir keineswegs auf experimentelles und technologisches Vorgehen beschränken. Viele mathematisch-theoretische Aufgaben, die in analytisch geschlossener Form nicht lösbar sind, sind der approximativen oder rechnerischen Behandlung zugänglich. Natürlich stellt sich dann die Frage nach der Relation von Aufwand und Effekt, und wenn wir den Rationalisierungseffekt der Theorie als Zusammenfassung vielfältiger Einzelerfahrungen werten, ist diese Frage zweifellos berechtigt.

XIV. Wir haben oben wiederholt darauf hingewiesen, welche überragende Bedeutung die Bewertung in der gesellschaftlichen Praxis besitzt, insbesondere auch für die Sicherung wissenschaftlicher Grunderkenntnisse. Wir haben auf die Zweckmäßigkeit der ABC-Einteilung in der Physik und Chemie hingewiesen (s. S. 40). Wir können in dieser Sprechweise unsere Situation einfach kennzeichnen: In der augenblicklichen Etappe der Wissenschaften überwiegen Bedeutung und Erfolgsaussichten von A- und B-Problemen die C-Probleme erheblich.

Es ist verständlich, daß sich eine Berücksichtigung dieses Umstandes bei der Planung sehr dringend empfiehlt.

Wenn wir uns darüber verständigen, daß das Prädikat der Fundamentalität in unserer und sicher auch der künftigen Zeit mit Vorrang den Fragen der gesellschaftlich wirksamsten Gebiete der Wissenschaften in ihrer gegenseitigen Stimulierung reserviert sein wird, so ist naturgemäß für die Frage der Entwicklung der klassischen Disziplinen (Mathematik, Physik, Chemie, Biologie) der Aufrechterhaltung ihrer Einheit, die optimale Fortentwicklung ihrer internen Fragen von überragender Bedeutung. Da es sich hier um Probleme hohen Schwierigkeitsgrades handelt, bei dem die Komplikationen nicht nur mathematischer oder experimentell-meßtechnischer Art sind, sondern in der ständigen Prüfung der Adäquanz der Begriffe besteht, in denen die Erkenntnisse formuliert sind, die als gesichert anzusehen sind und von denen aus der Vorstoß ins Neuland erfolgt, sind Merkmale oder Kriterien zur Beurteilung des Neuheitswertes von großer theoretischer und praktischer Bedeutung. Vor allem ist das dann der Fall, wenn die Vorstöße ins Neuland nicht spontane Einzelaktionen auf gut Glück sein sollen, sondern echte organisierte, geplante Expeditionen. Das ist umso mehr erforderlich, da es angesichts der wachsenden gesellschaftlichen Wirksamkeit der Wissenschaft bei der Lösung der die Menschheit heute beschäftigenden Sorgen immer schwerer werden wird, ohne ausreichende Begründung wissenschaftliches Potential für Dinge abzuzweigen, die heute und in absehbarer Zeit keinen gesellschaftlichen unmittelbaren Effekt ergeben. Das wird sich nur dort reibungslos machen lassen, wo die gesellschaftliche Nutzung der Wissenschaft noch bescheiden ist, wo das Potential für Grundlagenforschung unproportioniert groß ist. Da wir aber anstreben, daß in unserer gesellschaftlichen Entwicklung „die Wissenschaft den Alltag durchdringen“ soll, könnten wir uns mit einem solchen Zustand kaum abfinden.

XV. Wir wiesen oben auf das Problem der Adäquanz der Begriffe hin. Einsteins Ausspruch über die Kausalität im Sinne unserer Begriffsbildung und die in der Wirklichkeit vorliegenden gesetzmäßigen Verknüpfungen der Geschehnisse ist ein instruktives Beispiel. Für welche Situationen ist unsere Vorstellung von Kausalität — sei es im Sinne der Klassischen Mechanik oder auch der

Quantenmechanik — adäquat, und wo beginnt das echt Neue? Wenn wir einen Apriorismus wissenschaftlich nicht anerkennen, dann müssen wir damit rechnen, daß dies irgendwo beginnt.

Historisch gesehen liefert die Entwicklung der Hauptbegriffe, in denen die Erkenntnisse der Physik formuliert werden, instruktive Beispiele, wie mühsam, langwierig, zum Teil widersprüchlich die Begriffsbildung entstand.

Die Energie ist bei HELMHOLTZ gleichbedeutend mit der „lebendigen Kraft" von LEIBNIZ, deren Erhaltung von J. R. MAYER geradezu mit dem Prinzip des zureichenden Grundes identifiziert wurde. Die Energie erscheint bei JACOBI, HELMHOLTZ und KIRCHHOFF aber auch als das erste Integral der dynamischen Gleichungen eines Systems mit zeitunabhängigen Wechselwirkungsfunktionen und unter skleronomen Bedingungen. Bei HELMHOLTZ und HERTZ ist die Energie weiter die HAMILTON-Funktion eines skleronomen und holonomen Systems. EINSTEIN und MINKOWSKI zeigten in der Speziellen Relativitätstheorie, daß die Energie auch die zeitartige Komponente des Vierervektors von Energie und Impuls ist.

Für die klassische Mechanik bemerkte KIRCHHOFF und für die Spezielle Relativitätstheorie F. KLEIN, daß der Energiesatz Ausdruck und Konsequenz der Homogenität der Zeit ist. Und in der Speziellen Relativitätstheorie und der Quantenmechanik ist die Energie eine Strukturkonstante derjenigen LIE-Algebra, welche die raum-zeitlichen Symmetrien der Physik zusammenfaßt. Die anschaulichste Bedeutung der Energie ist hier, der erzeugende Parameter der zeitartigen Komponente des homogenen Teils der LORENTZ-POINCARÉ-Gruppe der speziell-relativistischen Kinematik zu sein.

Was Wunder, daß die Adäquanz der Begriffe der Physik nicht als auf der Hand liegend angesehen werden kann! Sprache, Ansätze der Logik und Mathematik haben sich — darüber stimmen viele hervorragende Köpfe, wie z. B. F. KLEIN, H. WEYL bis W. HEISENBERG, überein — auf der Grundlage unserer Erfahrungen mit den Dingen unserer Umwelt in langen Zeiten geformt, zum Teil vielleicht sogar zu Zeiten, wo die Entwicklung geistiger Fähigkeiten noch von den Gesetzen der biologischen Evolution beherrscht wurde.[1]) Wir als historisch gewordene Wesen können derzeit nur in dieser, der Wirklichkeit unserer alltäglichen Umwelt weitgehend angepaßten Weise denken. (Was man natürlich als Apriorismus in gewisser Hinsicht auffassen kann.) Aber kann damit der Reichtum der Wirklichkeit ausgeschöpft sein? Unmöglich, wenn man sich vergegenwärtigt, wie schmal der Bereich der Energien ist, in dem sich unser Leben abspielt. Weder die Quantenphänomene der tieferen Temperaturen, noch die Vielteilchenwechselwirkungen der hohen Temperaturen sind in unseren Erfahrungsfundus eingeflossen.

Physik kann nur getrieben werden, wenn es quasistarre Körper im Sinne der Makrophysik gibt, die zeitlich lange genug als Festkörper existieren. Es erscheint dann aber geradezu als eine Aporie, daß die so entstandene Physik ihre Begriffe und Gesetze erfolgreich z. B. auch auf die Zustände im Innern heißer Sterne und gar in den hochenergetischen massenreichen kosmischen Körpern (wie den explosiven Kernen kompakter Galaxien) anwendet, in denen bestimmt keine Festkörper oder Atomuhren existieren können. Nur dann, wenn die Klassische Physik, vor allem die Mechanik, eine adäquate Approximation für die Beschreibung der Umwelt ist, kann man überhaupt eine Physik begründen. Insofern ist die Klassische Mechanik (und die Geometrie der Räume konstanter Krümmung gemäß HELMHOLTZ) Grundlage des praktikablen physikalischen Denkens.

„Wir müssen damit rechnen, daß dort, wo wir in Neuland geraten, gerade die Adäquanz der Begriffe in Frage gestellt wird. Das Neue wird gelegentlich ungewöhnlich, ja widerspruchsvoll, absurd, erscheinen".[2])

---

[1]) So ist die erstaunliche Leistungsfähigkeit unseres Denkens im Erfassen der Wirklichkeit verständlich, aber auch der Bereich seiner Adäquanz.

[2]) Zitat M. v. LAUE.

Natürlich wird es neue Erkenntnisse geben, die diese Kennzeichnung nicht brauchen. Gerade die mehrfach angeführte gegenseitige Stimulierung der Wissenschaft lieferte neue Erkenntnisse, die sich durch Kombination bekannter und nicht ungewöhnlicher Beiträge vorhandener Erkenntnisse ergeben, so wie die Aufklärung der physikalischen Natur der elementaren Quantenkräfte nicht nur das periodische System der Elemente, sondern auch den Unterschied Metall/Isolator verstehen ließ. Die moderne Technik liefert in wachsendem Maße Beispiele dafür, daß es neue Erkenntnisse gibt, die sich in wunderbarer Weise in die mit unseren Begriffen formulierten Erkenntnisse einpassen lassen. Uns sollen im folgenden die Neuheiten beschäftigen, die innerhalb der Physik über die Grenze der Adäquanz der Begriffe hinausführen.

„Die Geschichte der wissenschaftlichen und technischen Erfindung lehrt, daß die Menschen arm sind an selbständigen Gedanken und an schöpferischer Phantasie. Auch wenn die äußeren und die wissenschaftlichen Voraussetzungen für das Entstehen einer Idee längst vorhanden sind, bedarf es meist eines äußeren Anlasses für deren Zustandekommen; der Mensch muß sozusagen mit der Nase auf die Sache stoßen, bevor der Gedanke kommt.“

Albert Einstein (1879–1955)

4. Zur Kennzeichnung fundamentaler Neuheit in der Physik

Es wird berichtet, daß N. Bohr nach einem Vortrag von W. Heisenberg über dessen einheitliche Feldtheorie, nach seiner Meinung befragt, geantwortet haben soll: Er glaube kein Wort, die Sache sei für eine physikalische Neuheit nicht „crazy“ genug (crazy = verrückt, schwachsinnig, abwegig). Die Frage erscheint berechtigt, wieweit N. Bohr bei seinen fundamentalen Entdeckungen sich an sein eigenes Kriterium gehalten hat. Die Antwort ist einfach. Die Bohrschen Postulate erfüllten es zu ihrer Zeit in höchstem Maße, und noch 10 Jahre nach ihrem Erscheinen betrachtete M. Planck die „Quantensprünge“ mit Besorgnis als abwegig. Gerechterweise muß man hinzufügen, daß sie im Grunde genommen auch heute noch so bezeichnet werden können, wenngleich die Gewöhnung und der erfolgreiche Umgang mit ihnen die Grundcharakterisierung hat vergessen lassen. Wir müssen damit rechnen, daß Behauptungen, die als echt „abwegig“ zu ihrer Zeit empfunden wurden, aus verschiedensten Motiven heraus zu späteren Zeiten nicht die gleichen Reaktionen auslösten, ohne daß dadurch an der Situation sich etwas geändert zu haben brauchte.

Ein hierfür bedeutsames Beispiel ist Newtons Gravitationstheorie mit ihren den (trägen) Massen proportionalen unvermittelten Fernwirkungen. Newtons hervorragende Zeitgenossen Huygens und Leibniz sahen diese Fernwirkungen als völlig „verrückt" an, und auch in der nächsten Generation akzeptierten zwar J. BERNOULLI und L. EULER die mathematische Form von NEWTONS Gesetz als exquisit guten Ansatz, aber nicht NEWTONS Theorie der Existenz einer fernwirkenden Gravitationskraft. Vielmehr suchten sie NEWTONS Gravitation auf unmittelbare mechanische Kontakte zurückzuführen, sei es auf DESCARTES' Äther-Wirbel, sei es auf GASSENDIS Atom-Stöße (eines atomistisch strukturierten Äthers nach HUYGENS).

Wie hierzu schon KANT bemerkt hat, können wir instinktiv den Druck und den Stoß bei unmittelbarem Kontakt, nicht aber Spannungen und Zug verstehen. Erst durch NEWTONS Axiome wurde der Begriff „Kraft" aus dem Anthropomorphen abgelöst. Von LAPLACE bis HELMHOLTZ galt dann alles als verständlich, was sich auf eine Kraft im Sinne einer Fernwirkung zwischen Partikeln nach dem Vorbild von NEWTONS Gravitation zurückführen ließ.

Aber NEWTONS Beziehung der beschleunigten Bewegung auf den „absoluten Raum" mit den daraus folgenden „Trägheitskräften", für die keine Wechselwirkungen als Ursachen aufzeigbar sind, erschien dann MACH und HERTZ als „spiritistisch". Und es war eines der Ziele von EINSTEIN, in seiner Allgemeinen Relativitätstheorie diesen „Spiritismus" zu überwinden.

Es dürfte sich empfehlen, an dieser Stelle eine Verständigung in „0-ter Näherung" vorzuschlagen, was in der Physik als abwegig angesehen werden könnte.

Da unser begriffliches Denken, unsere Logik und unsere Mathematik (über die Mengenlehre und die ihr zugrundeliegenden Begriffe des Elementes und der Menge) in enger Beziehung stehen zu den in vielen Generationen akkumulierten Erfahrungen an Eigenschaften und Verhalten fester Gegenstände unserer Umwelt, für deren Verhalten die Mechanik des starren Körpers die legitime Wissenschaft ist, könnte man sagen: als abwegig erscheint zunächst einmal in der Physik das, was sich nicht an die Mechanik anschließen läßt. Für diese Interpretation spricht auch die klassische Formulierung der Aufgabe der Physik von KIRCHHOFF, HERTZ, WARBURG. Dann sind z. B. – und so empfand es auch BOLTZMANN – HERTZENS anholonome Bedingungen mit ihrer Nichtzurückführbarkeit auf Wechselwirkungen im dreidimensionalen Raum „crazy".

Im folgenden soll der Versuch unternommen werden, eine Auflistung von physikalischen Theorien zu geben, die zu ihrer Zeit als abwegig angesehen wurden oder entsprechende Gefühle auslösten. Vollständigkeit kann nicht angestrebt und der Charakter einer rohen Näherung nicht vergessen werden!

1. Die moderne Physik beginnt mit der kinetischen Gastheorie, durch die die NEWTONsche Mechanik, die Thermodynamik und die Atomistik der Chemie eine gegenseitige und überzeugende Bestätigung finden. Dennoch stieß sie auf Widerstand und Ablehnung, weil sie eine der Mechanik völlig fremde Denkweise einführte.

Gegner waren sowohl Physiko-Chemiker wie OSTWALD als auch Mathematiker wie POINCARÉ!

In der Mechanik lassen sich Mehrkörperaufgaben (mehr als 2) nicht lösen, da die Mathematik dazu nicht ausreicht. GIBBS, BOLTZMANN, PLANCK zeigten, daß eine Behandlung des Vielkörperproblems mit den Mitteln der Mechanik und ihrer Mathematik durchführbar ist, wenn man sich auf die Ermittlung von Durchschnittswerten der „makroskopischen" Parameter beschränkt, wozu allerdings die Anzahl der beteiligten, völlig gleichen Körper (Atome) groß genug sein muß, etwa mehr als 100. Strenggenommen ist die Thermodynamik nach BOLTZMANNS und GIBBS' Atomistik der Grenzübergang zu unendlich vielen Teilchen. Die kinetische Gastheorie erlaubte, die wichtigsten Begriffe der Thermodynamik wie Temperatur und Entropie mit der Mechanik in Verbindung zu bringen. Der Preis, der dafür gezahlt werden mußte, war die Anerkennung einer völlig neuen Qualität, der Existenz von Wahrscheinlichkeitsgesetzen in der Natur und die Scheidung von Mikro- und Makrogeschehen mit qualitativ so verschiedenen Gesetzlichkeiten, wie einer reversiblen Zeit im Mikroskopischen und einer gerichteten Zeit im Makroskopischen.

2. Ein weiteres physikalisches Gebiet, das ebenfalls die Grenzen der Mechanik überschritt, war die Elektrodynamik. Es stellte sich heraus, daß das die elektromagnetischen Erscheinungen tragende Substrat (Vakuum, Weltäther) Eigenschaften besitzt, die sich nicht an das begriffliche Schema der Mechanik anschließen lassen. Schon die Transversalität der Lichtwellen, das Fehlen longitudinaler Wellen, ist gegen alle mechanische Erfahrung. Das Relativitätsprinzip besagt zudem, daß Begriffe wie Ort, Geschwindigkeit zur Kennzeichnung des Verhaltens des Vakuums nicht adäquat sind, es liefert ferner die Trägheit der Energie, eine über die Mechanik hinausreichende Feststellung, wie sie von EINSTEIN und PLANCK gemacht wurde, und die gewöhnlich hinter der mechanisch akzeptableren Formulierung von der Äquivalenz von Masse und Energie verborgen wird.

EINSTEINS Spezielle Relativitätstheorie machte aus dieser Problematik wieder eine „vernünftige" Mechanik im Sinne der NEWTONschen Prinzipien.

Im Gegensatz zur klassischen Dynamik ist in der Speziellen Relativitätstheorie nicht einmal mehr das Zwei-Körper-Problem geschlossen lösbar, ja es gibt tatsächlich in der Speziellen Relativitätstheorie kein „Zweikörper-Problem" mehr, sondern EINSTEINS Kausalitäts- und Lokalitätsprinzipien machen das Zwei-Körper-Problem zu einer Feldphysik mit unendlich vielen Freiheitsgraden, die in der Quantentheorie einer unendlichen Anzahl „virtueller Teilchen" entsprechen.

(Das Scheitern der Zwei-Partikel-Betrachtung zeigt sich z. B. in der LAMB-Shift; in DIRACS relativistischer Quantenmechanik des Zwei-Körper-Problems gab es die LAMB-Shift nicht.) Auch erzwingen Kausalität und Relativität nach EINSTEIN die exakte „Punktförmigkeit“ aller Partikel, denen nur von der Art der Wechselwirkungen abhängige „effektive“ Abmessungen zuschreibbar sind.

Die Atome der Chemie erscheinen so als Anregungszustände des „nichtmechanischen“ Vakuums (MIE 1908) und führen damit zu der großen Zahl vom Standpunkt der Mechanik widersinnigen Feststellungen, mit denen die Quantenphysik aufgewartet hat.

3. Die Reihe der nicht mit Vorstellungen der Mechanik verträglichen Erkenntnisse der Quantenphysik muß man wohl eröffnen mit denjenigen, die in der Chemie seit längerer Zeit zu Tage traten und als Spezifika chemischer Phänomene, unabhängig von aller Physik, behandelt werden. Als erstes wäre da die Existenz stabiler Elemente zu nennen, mit von irgendwelchen Anfangsbedingungen und von ihrer Vorgeschichte unabhängigen Eigenschaften, die zudem zeitlich konstant über geologische und — nach Auskunft der Astrophysiker — auch kosmologische Zeiträume sein sollen. Die kinetische Gastheorie hat hieraus die Atomistik entstehen lassen. Die Konstanz und absolute Gleichheit der Atome eines Elementes ist zweifellos vom Standpunkt der Mechanik unbegreiflich.

Als zweites wäre das Auftreten der chemischen Kräfte mit begrenzter Reichweite, Valenz bzw. Absättigungscharakter zu nennen. Die Klassische Physik operierte mit Kräften (gravische und elektrische), die als additiv und quadratisch mit dem Abstand abnehmend, d. h. beliebig weit reichend angenommen wurden. Das stand in gewisser Hinsicht nicht in Übereinstimmung mit der Erfahrung, da formal mit diesen beiden Merkmalen Divergenzen verbunden sind, für die in der Wirklichkeit kein Hinweis vorliegt. So wurde verständlicherweise verschiedentlich versucht, den Kräften der Klassischen Physik eine motivierbare „Reichweite“ zu verleihen, und so eine bessere Anpassung an die Wirklichkeit zu erhalten.

Es läßt sich in der klassischen Potentialtheorie oder Feldphysik ad hoc ein Absorptionskoeffizient k einführen und damit das NEWTONsche Potential $\Phi = \frac{Q}{r}$ durch einen Ausdruck mit Exponentialfaktor ersetzen:

$$\Phi^* = \frac{Q}{r} e^{-kr}.$$

Dieses Potential hat dann eine endliche effektive Reichweite $R \sim k^{-1}$. Feldtheoretisch bedeutet dies Feldquanten (Gravitonen, Photonen) mit endlichen Ruhmassen $m = \frac{hk}{c}$ wie später in YUKAWAS Mesonentheorie der Kernkräfte. Oder man schreibt mit C. NEUMANN (um 1870) dem Vakuum einen „Extinktionskoeffizienten" zu, derart, daß dann das Feld Φ^* seine eigene „Senke" ist:

$$\Delta\Phi^* = k^2\Phi^*.$$

Auch könnte der Kraftfluß durch das Vakuum absorbiert werden. An die Stelle der NEWTON-COULOMBschen Kräfte $F_{12} = Q_1 Q_2/r_{12}^2$ tritt dann SEELIGERS (1890) Kraftgesetz $F_{12}^* = (Q_1 Q_2/r_{12}^2)\, e^{-kr_{12}}$. Ohne neue Vakuumeffekte läßt sich ansetzen, daß die Quellen des Kraftflusses diesen auch abschirmen. Dies gibt das Kraftgesetz von LAPLACE und Q. MAJORANA $F_{12}^* = \frac{Q_1 Q_2}{r^2} e^{-\lambda \int \varrho dr}$, wo ϱ etwa die Materiedichte und λ eine „Extinktionskonstante" ist. (In der Atomistik entspricht dies den DEBYE-HÜCKELschen interionischen Wechselwirkungen.)

Daß die Atomistik zwangsläufig auf das Auftreten von Wahrscheinlichkeitsgesetzen führt, haben wir oben in Pkt. 1 erwähnt.

SCHRÖDINGER bemerkte in seinem Vortrag über den „Indeterminismus in der Physik" (1932), daß der Determinismus der Bewegungsgleichungen der Klassischen Mechanik darauf beruht, daß für die NEWTONschen Differentialgleichungen 2. Ordnung gleichzeitig (an einem beliebig wählbaren Zeitpunkt $t = t_0$)

$$x^i = x^i(t_0), v^i(t_0) = \frac{\mathrm{d}x^i}{\mathrm{d}t}, \quad t = t_0$$

die Koordinaten und die 1. Ableitungen vorgegeben sein müssen. Die Quantenmechanik schließt dies durch HEISENBERGS Unbestimmtheitsrelation aus. Jedoch auch bei den stochastischen BROWNschen Bewegungen ist eine vollständige Vorgabe von Ort und Geschwindigkeit der Partikeln nicht möglich, weil die Bewegungskurven zwar überall stetig, aber nirgends differenzierbar sind. Tatsächlich gibt es auch bei der „BROWNschen Zitterbewegung" Unbestimmtheitsrelationen, die hier einfach EINSTEINS Gleichungen für die Quadrate der mittleren Schwankungen Δx^2 der Koordinaten der Partikeln der Masse m und des Radius a sind, welche sich durch Mitteilung über die Zeit Δt ergeben:

$$\Delta x^2 = \frac{2}{3} \frac{kT}{\pi a \eta} \Delta t \quad (\eta = \text{Zähigkeit}).$$

Wir können EINSTEINS Gleichungen als Produkt

$$\Delta x \cdot \Delta p = \sqrt{\Delta x^2} \cdot m \sqrt{\frac{\Delta x^2}{\Delta t^2}} = \frac{2mk}{3a\pi\eta} T$$

schreiben; auf der rechten Seite steht hier jedoch keine universelle Konstante, wie PLANCKS Quantum h, sondern eine individuelle Konstanten enthaltende Funktion der Temperatur T. Dies macht den Unterschied zwischen der atomistischen Stochastik und der Probabilistik der Quantenmechanik aus.

Die Entdeckungen PLANCKS und EINSTEINS lieferten gleich eine Kette völlig unbegreiflicher Erkenntnisse: $E = h\nu$ steht mit der Thermodynamik im Widerspruch, derzufolge eine streng monochromatische Strahlung keine Energie transportiert. Die Deutung des Photoeffektes zeigte, daß selbst die mechanisch unverständliche Lichtausbreitung gemäß der Elektrodynamik auch keine vollständige Theorie der elektromagnetischen Vorgänge im Vakuum darstellt.

Die Analyse des Emissions- und des Absorptionsvorganges der Lichtquanten illustrierte zwar, was bei den BOHRschen Quantensprüngen vor sich geht, und deckte einen universellen Zusammenhang der EINSTEINschen Koeffizienten AB auf, ohne das Rätsel des nichtverfolgbaren „Sprunges" aufzulösen. Die Abwegigkeit der Beziehung $E = h\nu$ wird gemildert durch „korrespondenzmäßige" Betrachtungen. Gemäß der Quantenmechanik entstände eine Lichtwelle mit unendlich scharfer Frequenz ν, also mit $\Delta\nu = 0$, nur bei einem Quantensprung zwischen zwei unendlich scharfen Energiezuständen des emittierenden Körpers. Derartige Eigenzustände wären aber stationär. Sie besitzen eine unendlich lange Lebensdauer $\tau \to \infty$. Die „natürliche Linienbreite" $\Delta\nu$ des Lichtes ist der Lebensdauer τ des angeregten quasistationären Zustandes reziprok proportional.

Die Existenz von Elementarkonstanten — PLANCK hielt das zeitweilig für seine größte Entdeckung — hat über die Atomistik hinaus eine Neuheit in die Physik gebracht. Gewisse Größen wie Frequenzen (Plasma-Frequenz, Zyklotron-Frequenz), Energien (RYDBERG-Konstante) oder Längen (COMPTON-Wellenlänge, Elektronenradius) ergeben sich aus Dimensionsgründen von vornherein, unabhängig von den Funktionen der Modelle. Die RYDBERG-Konstante kommt richtig aus dem Modell einer Zentralbewegung des Elektrons im COULOMB-Potential des Protons heraus, obwohl alle Experimente zeigen, daß es eine Planetenbewegung des Elektrons im Grundzustand nicht gibt.

Jedoch bleibt die Frage offen, welche der möglichen Kombinationen der universellen Konstanten in der Natur tatsächlich realisiert sind und hier mit Faktoren von der Größenordnung „Eins" auftreten. Nach EINSTEIN haben Dimensionsbetrachtungen nur dann eine physikalische Bedeutung, wenn sie auf dimensionslose Zahlen von der Größenordnung „Eins" führen (in einem weiteren Sinne!), wie z. B. auf die SOMMERFELD-Konstante $\frac{e^2}{hc} = \frac{1}{137}$. Demgegenüber sind z. B. PLANCKS weitere „Fundamental-Einheiten"

$$\sqrt{\frac{hf}{c^3}} \approx 10^{-33}\,\text{cm}, \quad \sqrt{\frac{hf}{c^5}} \approx 10^{-43}\,\text{s}, \quad \sqrt{\frac{hc}{f}} \approx 10^{-5}\,\text{g}$$

anscheinend nirgends realisiert. — Dies weist auf das Problem der Zahlen von „kosmischer Größe".

SCHRÖDINGER hat um 1930 die verrückte Frage aufgeworfen: „Weshalb sind die Atome so klein?", die EHRENFEST alsbald mit der Gegenfrage konterte: „Weshalb sind die Atome so groß?" — SCHRÖDINGER zielte mit seiner Fragestellung darauf ab, daß die deterministische Makrophysik als Grenzfall für unendlich viele Phasenzellen aus der statistischen Mikrophysik resultieren soll; er hatte dabei aber auch wohl bereits die „makroskopischen Quanteneffekte" als Grundlage der Festkörperstruktur im Auge.

Eine Variante von SCHRÖDINGERS Problem ist die ganz naive Frage: „Weshalb ist die Welt so groß?" Dabei wird mit EDDINGTON, EINSTEIN und WEYL unter „Welt" der relativistische Kosmos bzw. die Metagalaxis verstanden. Das Analogen zu EHRENFESTS Frage ist dann: „Weshalb sind die inneratomaren Kräfte — die starken mesischen Kopplungen und auch die elektrostatischen Kräfte — so groß gegenüber der NEWTONschen Gravitation zwischen den Elementarteilchen?".

EINSTEINS relativistischer Kosmos hat eine endliche Masse M, die angenähert die Summe der Ruhmassen m der N Nukleonen im Kosmos ist: $M \approx Nm$. Der Radius R dieser EINSTEIN-Welt entspricht seinem Gravitationsradius fMc^{-2}:

$$\frac{fM}{c^2} \approx \frac{Nfm}{c^2} \approx 3R.$$

(Hierbei ist f die Gravitationskonstante und c die Lichtgeschwindigkeit.) Nun ist der effektive Radius eines Nukleons der Masse m angenähert gleich seiner COMPTON-Wellenlänge $\frac{h}{mc}$. In diesen Teilchenradien ausgedrückt gilt für den Weltradius

$$R \approx \omega \frac{h}{mc},$$

wo EDDINGTONS Zahl

$$\omega \approx 10^{40}$$

ist. Andererseits beträgt der Gravitationsradius eines Nukleons

$$\frac{fm}{c^2} \approx \frac{1}{\omega} \frac{h}{mc},$$

so daß die Masse M der EINSTEIN-Welt gleich

$$M \approx Nm \approx \omega^2 m \approx 10^{80}\, m$$

ist.

PLANCKS Elementarladung e^* läßt sich aus h und c bilden: $e^* = \sqrt{hc}$. Dies ist die tatsächliche Größe der „mesischen Ladungen", diese betragen das 10^2fache der elektrischen Elementarteilchen e. Dagegen ist die schwere Masse $\sqrt{f}m$ eines Nukleons um $\frac{1}{\sqrt{\omega}} \approx 10^{-20}$ kleiner:

$$\omega f m^2 \approx hc.$$

Die gravische Wechselwirkung zwischen zwei Elementarteilchen wäre aber dan von derselben Größe wie ihre starke Wechselwirkung

$$fm^{*2} = hc,$$

wenn die Teilchenmassen m^* gerade gleich PLANCKS Elementarmassen

$$m^* = \sqrt{\frac{hc}{f}} \approx \sqrt{\omega}\, m \approx 10^{20}\, m$$

wären. Die COMPTON-Wellenlänge h/m^*c eines solchen PLANCKschen Teilchens ist gleich seinem Gravitationsradius $f\frac{m^*}{c^2}$ und ist durch PLANCKS Elementarlänge l^* gegeben:

$$l^* = \frac{fm^*}{c^2} = \frac{h}{m^*c} = \sqrt{\frac{hf}{c^3}}.$$

Diese Zahlen besagen aber tatsächlich nur die exzeptionelle Stellung der Gravitation in der Physik: Um — im Sinne von HEISENBERGS unitären Feldgleichungen — aus der Quantenfeldtheorie die ultraschwache Gravitation zwischen 2 Nukleonen ableiten zu können, müßten die Kopplungskonstanten aus der unitären Quantenfeldtheorie bis auf 40 Stellen genau berechnet werden können!

Sollen andererseits im Sinne von EINSTEINS Geometrisierung der Physik — und unter Beachtung der in der Allgemeinen Relativitätstheorie aufgezeigten Identität der Raum-Zeit-Metrik mit dem Gravitationspotential — die Elementarteilchen aus der Weltgeometrie abgeleitet werden, so hätten diese Teilchen als Ergebnis der „Quantelung der Metrik" zunächst „nackte Massen" $m^* = \sqrt{\frac{hc}{f}}$ mit der PLANCKschen Länge l^* als effektive Radien. Ein normales Nukleon mit dem Teilchenradius $l \approx \frac{h}{cm}$ wäre dann ein Gebilde aus $\omega^{3/2} \approx 10^{60}$ Teilchen, dessen „nackte Masse" zusammen also $M \approx \omega^{3/2}\, m^* \approx \omega^2 m \approx 10^{80} m$ beträgt, was die effektive Masse des Kosmos ist!

Die effektive Gesamtmasse m dieses 10^{60}-Teilchensystems wird aber durch die negative Energie der NEWTONschen Gravitation zwischen den Teilchen verkleinert, während ihre kinetische Energie sie vergrößert. Mit den relativen Teilchenenergien $E^* = m^*c^2 \left(1 - \frac{v^2}{c^2}\right)^{-1/2}$ müßte sein:

$$m = \omega^{3/2} \frac{E^*}{c^2} - f \frac{m^{*2}}{c^2} \frac{mc}{h}$$

$$= \omega^{3/2} \frac{E^*}{c^2} - \omega^3 m$$

$$= \omega^{-1/2} m^* .$$

Die effektive Baryonen-Masse m wäre also die Differenz von zwei riesigen kosmischen Größen! Um im Sinne von EINSTEINS Programm die Elementarteilchen aus der Weltgeometrie ableiten zu können, müßte man ein 10^{60}-Körper-Problem bis auf 80 Stellen genau berechnen!

Die Liste der ungewöhnlichen Dinge kann fortgesetzt werden durch das, was mit den Korrelationen der Materiewellen und dem Meßprozeß in der Quantenmechanik zusammenhängt. Das Erstaunliche ist, daß die Paradoxie, auf die EINSTEIN, PODOLSKY und ROSEN hingewiesen haben, tatsächlich in der Natur realisiert ist, wie die Theorie der Supraleitung (COOPER-Paare) oder der JOSEPHSON-Effekt zeigen. Die Aufteilung der Welt in Mikro- und Makrozustände, die in der kinetischen Gastheorie ihren Anfang nahm, vertieft sich in der Quantenmechanik immer mehr. Auch hier ist das Geschehen „mechanisch" determiniert, aber in abstrakten Mannigfaltigkeiten (Konfigurationsraum, HILBERT-Raum), während wir davon durch unsere makroskopischen Meßsonden Kunde erhalten, die zweifellos in unserer „normalen" vierdimensionalen Raum-Zeit-Welt funktionieren.

Wenn Einstein einen Horror empfand vor der „spiritistischen Physik", so ist das kaum etwas anderes als die „Abwegigkeit physikalischer Novitäten" nach N. Bohr! In seinen Schlußbemerkungen zu dem Band von P. A. Schilpp. „Einstein – Philosoph und Naturforscher" erwähnt Eeinstein ein Gespräch mit einem „hervorragenden theoretischen Physiker" (d. i. Wolfgang Pauli). Pauli sagte: „Ich neige dazu, an Telepathie zu glauben". Einstein: „Dies hat wohl mehr mit Physik als mit Psychologie zu schaffen". Pauli: „Ja". – In der Tat erscheint bei Einstein das Einstein-Podolsky-Rosen-Paradoxon als „Telekinese", nämlich als Wechselwirkung unabhängig von Raum und Zeit. – Analoges gibt es bei Heisenbergs „Reduktion der Wellenfunktion" beim Meßprozeß in der Quantenmechanik.

Tatsächlich spielt die Meßeinrichtung, der „makroskopische Meßkörper", in der Quantenmechanik eine Doppelrolle. Er kann einerseits selbst Gegenstand der physikalischen Forschung sein, dann ist er kein Meßinstrument. Als physikalisches Objekt ist der makroskopische Körper ein „Festkörper" im Sinne der Quantenmechanik, d. h., er wird dargestellt als eine Wellenfunktion (Lösung der Schrödinger-Gleichung) in einem hochdimensionierten Konfigurationsraum. Als Meßinstrument wirkt der Körper andererseits im gewöhnlichen dreidimensionalen Raum, und seine Eigenschaften werden durch die Prinzipien der Klassischen Physik (Mechanik, Elektrodynamik und Thermodynamik) beschrieben.

Der Übergang der quantenmechanischen Darstellung des makroskopischen Körpers zu seiner Behandlung als klassischer Meßkörper ist die von Heisenberg formulierte „Reduktion der Wellenfunktion". Die Reduzierung der Freiheitsgrade – vom Konfigurationsraum wird in den dreidimensionalen Raum projiziert – führt von der Determiniertheit der Schrödingerschen Wellengleichung im Konfigurationsraum auf die Probabilistik im physikalischen Raum. Diese an irgendeiner Stelle vorzunehmende Abgrenzung von Meßobjekt und Meßgerät ist notwendig, weil weder der Inhalt der Quantenmechanik vollständig in der Sprache der Klassischen Physik ausdrückbar ist, noch aber auch die Klassische Physik vollständig aus der Quantenmechanik abgeleitet werden kann. Die Klassische Physik und die Quantenmechanik sind jeweils abgeschlossene Prinzipiensysteme „eigenen Rechts“.

Heisenbergs Schnitt mit seiner Reduzierung der Schrödinger-Funktion hat daher ein Äquivalent in dem (von uns bereits behandelten) Übergang von der Atomistik zur „phänomenologischen“ Makrophysik. Die Begriffsbildungen der Kontinuumphysik und der Thermodynamik (mit ihrer Irreversibilität der dissipativen Prozesse) sind aus der Atomistik gemäß Boltzmann und Planck nur durch eine Reduktion der Freiheitsgrade und durch das Fortlassen von Termen in den zeitsymmetrischen und mikroskopischen Bewegungsgleichungen zu erhalten, die an derjenigen Stelle der Deduktion erfolgen muß, an die anschließend die makroskopischen Begriffe benutzt werden sollen. Diese tiefliegenden Beziehungen zwischen der statistischen Mechanik und der Thermodynamik einerseits und der Quantenmechanik und der Makrophysik andererseits hat Bohr seiner Analyse von Heisenbergs „Reduktion der Wellenfunktion“ bei der berühmten Ableitung der Spurbildung durch ionisierende Teilchen (z. B. in der Wilson-Kammer) zugrunde gelegt. Diese Reduktion ist durchaus analog Boltzmanns Ableitung seiner Stoßgleichung: Nur durch ein aus den Prinzipien der Quantenmechanik bzw. der Atomistik allein nicht begründbares Fortlassen von Bewegungsmöglichkeiten der Mikrophysik erhält man mit den Prinzipien der Makrophysik kompatible Bewegungsabläufe.

Ähnliches gilt übrigens auch bezüglich der kosmologischen usw. Aussagen von Einsteins Allgemeiner Relativitätstheorie in ihrem Verhältnis zur Newtonschen Gravodynamik. Aus der Mannigfaltigkeit der auf Grund der allgemeinen Relativität möglichen raum-zeitlichen Koordinatensysteme müssen mit Hilfe von Postulaten („Copernicanisches Prinzip", „kosmologisches Prinzip", „Machsches Prinzip" u. a.), die aus der Allgemeinen Relativitätstheorie selbst nicht begründbar sind, enge Klassen von Bezugssystemen ausgewählt werden, in denen der Vergleich mit den bzw. der Anschluß an die Prinzipien der Newtonschen Mechanik möglich ist.

Erst auf diese Weise werden die Gleichungen der Allgemeinen Relativitätstheorie physikalisch interpretierbar. Dies bedeutet aber, daß eine prinzipielle Einschränkung der Relativität und die Einführung eines „absoluten" Aspektes notwendig ist, um die Allgemeine Relativitätstheorie mit der Klassischen Physik kompatibel und damit begreiflich zu machen. (Dies ist schon während der Zeit der Begründung der Allgemeinen Relativitätstheorie zwischen Einstein, Abraham, Kottler, Mie, Planck u. a. diskutiert und später besonders von Fock hervorgehoben worden.)

Die Klassische Physik ist sowohl gegenüber der Mikrophysik (Atomistik, Quantenmechanik) als auch gegenüber der Allgemeinen Relativitätstheorie ein Theoriengebäude eigenen Rechts, das aus jenen nicht ableitbar ist, aber den Inhalt der anderen Theorien erst physikalisch verständlich macht.

„Die exakte Wissenschaft wurzelt ja im menschlichen Leben.“

MAX PLANCK (1858–1947)

5. Schlußbemerkungen

Wir wollen versuchen, das oben Gesagte kurz und thesenartig zusammenzufassen:

a) Unerschöpflichkeit der Wirklichkeit – Grundlagenforschung ohne Abschluß.

Aber: A-Probleme gesellschaftlich relevanter und wie B-Probleme meist wissenschaftlich zugänglicher als C-Probleme. Bei absolutem Wachstum aller Kategorien zunehmendes relatives Überwiegen von A- und B-Problemen.

b) Jede neue Grunderkenntnis impliziert einen methodischen Fortschritt und eine Entwicklung des Begriffsinventars der Physik, wobei die neuen Begriffe meist „von außen“ kommen und häufig als „abwegig“ empfunden werden, wie dies s. Z. bei der Quanten- und der Relativitätstheorie der Fall war.

c) Grunderkenntnisse haben dialektischen Charakter, da sie die Wirklichkeit widerspiegeln. Ihr Geltungsbereich ist entsprechend der Vielgestaltigkeit der Wirklichkeit unterschiedlich.

Je breiter er ist, desto weniger sagt er in speziellen Fällen aus: $E = mc^2$ gilt überall, man kann aber allein daraus nicht ableiten, ob Energiegewinnung aus Kernprozessen tatsächlich möglich ist, denn weitere Gesetze schränken („verbieten“ oder „hemmen“) die nach der Speziellen Relativitätstheorie allein denkmöglichen Prozesse ein. Das Vorhandensein von Grunderkenntnissen enthebt uns nicht der Notwendigkeit, spezielle Untersuchungen anzustellen. Je allgemeiner eine Grunderkenntnis ist, desto mehr nähert sich ihr Gebrauch der Trivialität. (Daß es Dinge gibt, die man abzählen kann, empfinden wir als Trivialität.)

d) Aus dem Kontakt mit den Nachbardisziplinen und der Technologie resultieren ständig neue Fragestellungen, deren Zulässigkeit unbestreitbar ist, deren Relevanz für die Wissenschaft und auch für die gesellschaftliche Wirksamkeit in jedem Fall zu prüfen und nicht selbstverständlich ist.

e) Grunderkenntnisse gibt es über die vielfältigsten Vorgänge in der Natur und an den von Menschen geschaffenen Gebilden. Es gibt keine Hierarchie etwa in dem Sinne, daß die Geschehnisse in extrem kleinen oder extrem großen Dimensionen sich durch besonders wissenschaftliche Bedeutung auszeichnen. Die Unerschöpflichkeit der Welt tritt bei genügend tiefem Eindringen in jedem Sachverhalt zutage.

f) Die in der Natur und bei den menschlichen Schöpfungen ablaufenden Geschehnisse lassen sich niemals aus einem Ansatz (einer Weltformel) ableiten. Jede Grunderkenntnis ist für einen bestimmten Aspekt der Erscheinungen zuständig. Zwischen den Aussagen der Grunderkenntnisse besteht in der Regel keine Deckungsgleichheit. Jede genügend reichhaltige physikalische Theorie enthält legitime Fragen, die in dieser Theorie selbst nicht beantwortbar sind.

g) Die mathematische Formulierbarkeit einer Grunderkenntnis ist in gewisser Hinsicht eine Vereinfachung des Sachverhalts, in einer anderen Hinsicht eine Verknüpfung mit einer Menge von Aussagen, die obgleich formal konsistent nicht unbedingt mit der Wirklichkeit etwas zu tun haben. Sie ist weder naturnotwendig noch hinreichend als Kennzeichnung von Grunderkenntnissen. Andererseits kann die mathematische Formulierung nützliche Beziehungen zwischen Phänomenen aufdecken, die physikalisch wenig oder gar nichts gemein haben (so z. B. Kybernetik!). Wir verweisen auf die breite Anwendbarkeit der FOURIER-Analyse oder der partiellen

Differentialgleichung. Dieser Umstand bringt häufig pädagogisch-methodische Vorteile mit sich.

h) Obgleich aus den Grunderkenntnissen niemals alle Einzelheiten der Wirklichkeit ableitbar sind, ist ihr Wert doch außerordentlich groß: sie schützen uns vor Fehlinterpretationen. Wenn gezeigt wird, daß die positive Lösung einer Aufgabenstellung gegen ein allgemeines Prinzip verstoßen würde, ist diese Aufgabenstellung erledigt! Die Trivialität (siehe c) ist keine mehr, wenn es um Negativ-Atteste geht. Ferner bestärken sie uns in der Gewißheit der allgemeinen Zuständigkeit der Wissenschaft: Es gibt keine der Wissenschaft unzugänglichen Domänen (d. h., die nicht erkennbar wären) und kein Walten unerforschlicher Kräfte.

i) Einstein sagte 1918 über „Die Motive der Forschung": „Die allgemeinsten Gesetze, auf welche das Gedankengebäude der theoretischen Physik gegründet ist, erheben den Anspruch für jegliches Naturgeschehen gültig zu sein". Dies bedeutet aber: „Höchste Reinheit, Klarheit und Sicherheit auf Kosten der Vollständigkeit."

„Et quamvis regulae verae sint in sua ratione data figurae aequalem describere, in actu tamen aequalitas impossibilis est in diversis". (NIKOLAUS VON KUES, 1401–1464).

Anhang: Nikolaus von Kues als Naturforscher

Im November 1965 veranstaltete das Plenum der Akademie der Wissenschaften zu Berlin eine wissenschaftliche Konferenz anläßlich der 500. Wiederkehr des Todesjahres des NICOLAUS CUSANUS. Auf dieser Konferenz trugen wir zum ersten Male unsere Gedanken über die Stellung der Physik im System der Wissenschaften vor. In NIKOLAUS VON KUES sahen wir einen wegweisenden Prognostiker der späteren Entwicklung der Physik.

Die Lektüre der Schriften NIKOLAUS VON KUES' hat für den Physiker unserer Tage einen großen Reiz. Es erscheint erstaunlich, wie dieser kühne Geist Probleme, die die heutige Wissenschaft beschäftigen, vorausgesehen hat und wie umfassend der Kusaner die Aufgaben und den Geltungsbereich der Wissenschaft bereits verstand.[1])

NIKOLAUS VON KUES hat in seinen Werken – insbesondere im „Gelehrten Nichtwissen" und in dem Dialog „Der Laie über die Waage" sowie auch im „Globusspiel" – prinzipielle Bemerkungen und Einsichten über Kosmologie und über die experimentelle und theoretische Physik formuliert, die auch für einen heutigen Naturwissenschaftler sehr beachtenswert sind.

Sowohl methodisch als auch in ihrer Einsicht in die allgemeinphysikalischen Zusammenhänge sind die Ideen NIKOLAUS VON KUES' zur Physik und Kosmologie unge-

---

[1]) Es ist deshalb unverständlich, daß die Schriften des Kusaners bei den heutigen Naturforschern so wenig bekannt sind und daß auch in den uns zugänglichen Standarddarstellungen der Geschichte der Naturwissenschaft NIKOLAUS VON KUES oft entweder gar nicht oder nur am Rande erwähnt wird.

wöhnlich für ihre Zeit und in vielen Punkten auch für die folgenden Jahrhunderte. — Was hat ihn veranlaßt und instand gesetzt, den Rahmen des konventionellen wissenschaftlichen Denkens seiner Zeit zu sprengen?

Nikolaus von Kues war kein Fachgelehrter, weder als Astronom noch als Mathematiker. In speziellen Fragen stehen seine Kenntnisse weit unterhalb des Standes der antiken Wissenschaft und z. T. auch unter dem Stand der Kenntnisse der führenden damaligen professionellen Gelehrten. Daß aber Nikolaus außerhalb der Berufswissenschaft stand, erweist sich hier in allem Prinzipiellen als außerordentlich glücklich. Die Fachastronomen der damaligen Zeit z. B. besaßen z. T. ausgefeilte, raffinierte Methoden zu einer angenäherten Beschreibung der Bewegung der Planeten. Diese Methoden ließen sich im Prinzip beliebig verfeinern, solange nur eine phänomenologische Beschreibung der Planetenbewegung erstrebt wurde. Für einen Spezialwissenschaftler bestand also im Prinzip gar kein Grund, an der Aristotelisch-Ptolomäischen Kosmologie Kritik zu üben, wobei sich hier peripatetische Physik und das ptolomäische Weltsystem gegenseitig abstützten.

Jedoch bot die Fachastronomie nur Interpolationsformeln, in denen die wachsende Meßgenauigkeit durch die Einführung neuer Terme (Epicyceln, Excenter usw.) berücksichtigt und widergespiegelt wurde.

Solche Interpolationsformeln sind aber nicht eigentlich eine wissenschaftliche Theorie. Eine neue Theorie verlangt neue fundamentale physikalische Einsichten und Erkenntnisse — wie sie z. B. später die Entdeckung der universellen Gravitation war.

Eine Kritik an der antiken Astronomie mußte daher von einem grundsätzlich neuen Standpunkt aus erfolgen, bei dem auch von den rein fachtechnischen Bedürfnissen abstrahiert wurde und neue allgemeine naturphilosophische und wissenschaftstheoretische Postulate eingeführt wurden.

Analoges gilt auch für die Bemerkungen NIKOLAUS VON KUES' zur Mathematik, Physik, Mechanik und Chemie. Sicherlich hatten z. B. die Alchimisten viel zahlreichere Einzelkenntnisse über chemische Reaktionen als der Kusaner. Aber dieser stellte in seinen Bemerkungen zur Chemie grundsätzlich neue und auch heute noch modern anmutende Ideen auf. – Insgesamt erscheint uns NIKOLAUS VON KUES als ein glänzendes Beispiel dafür, daß ein Philosoph wesentliche Einsichten für die Grundlegungen der Einzelwissenschaften gewinnen kann, die dem Fachgelehrten wegen eines ressortmäßigen, technischen Standpunktes entgehen, Voraussetzung hierfür ist, daß der Philosoph – wie NIKOLAUS VON KUES – eine umfassende Kenntnis des gesamten Wissensstandes seiner Zeit besitzt und als Philosoph allgemeine Erkenntnisse über die Gesetzlichkeit im Universum und über die daraus folgenden methodischen Postulate für ihre konkrete Erforschung gewonnen hat.

Diese Bemerkung gilt im besonderen Maße für die Zeit NIKOLAUS VON KUES', in der es eine wissenschaftlich fundierte Methodik der Einzelwissenschaften nicht gab, so daß die Einzelwissenschaften teils eine Sammlung von Erfahrungsregeln waren, teils sich auch aus den privaten Meinungen der einzelnen Gelehrten zusammensetzten, die gerade oft über Grundphänomene völlig divergierende Ansichten vertraten.[1])

Im Gegensatz hierzu gibt es in der heutigen Zeit eine allgemein anerkannte wissenschaftliche Methodik, deren

---

[1]) Zum Beispiel bestand in der Astronomie eine Differenz zwischen den peripatetischen Naturphilosophen und den eigentlichen Fachastronomen über den Mechanismus der Planetenbewegung. Die Naturphilosophie arbeitete mit der Vorstellung von konzentrischen Schalen, an denen die Planeten anhaften, die Fachastronomen hingegen mit Epizyklen. Grundsätzliche Meinungsverschiedenheiten bestanden zwischen den einzelnen Forschern ferner bei der Formulierung der Gesetze der freien und erzwungenen Bewegung sowie der Fallgesetze. Die sich hierüber gegenseitig durchaus ausschließenden Ansichten wurden in den Fachbüchern einfach hintereinander aufgezählt.

Gebrauch oder Nichtgebrauch ein notwendiges und oft auch hinreichendes Kriterium dafür ist, ob eine Arbeit als wissenschaftlich anzusprechen ist oder nicht. Die heutige Wissenschaft drängt auch darauf, daß Auffassungsunterschiede über Grundfragen möglichst schnell geklärt werden. Sie ist besorgt, daß ungeklärte Fragen nicht von der Tagesordnung verschwinden.

In den Thesen Nikolaus von Kues' über die Methodik und Problematik von Physik und Astronomie imponiert den heutigen Naturwissenschaftlern der Umfang der Einsichten, die durchaus als Formulierung der heute allgemein angenommenen notwendigen Prinzipien der wissenschaftlichen Forschung erscheinen, wobei der Kusaner bereits Einsichten formuliert hat, deren volle Tragweite erst die Physik dieses Jahrhunderts würdigen kann. Hierbei ist — für uns als Physiker — unerheblich, inwiefern die einzelnen Thesen von Nikolaus von Kues selbst herrühren oder ob er nicht vielmehr bei der einen oder anderen Erkenntnis Vorläufer hat, deren Ansichten er übernahm. Entscheidend ist vielmehr der Gesamtzusammenhang des Kusanischen Denkens, in das sich die einzelnen Einsichten logisch einordnen.

Wir wollen ferner bemerken, daß bei einer Einschätzung der Kusanischen Resultate durch einen heutigen Physiker es auch nicht darauf ankommt, zu entscheiden, inwiefern Nikolaus von Kues selbst die Bedeutung seiner Formulierungen und deren Tragweite voll durchschaute. Für den Physiker ist vielmehr nur ihr objektiver wissenschaftstheoretischer Inhalt von Bedeutung.

Der erste Punkt, bei dem Nikolaus von Kues als Revolutionär und Vorläufer der modernen Wissenschaftsmethodik erscheint, ist seine Hinwendung zur wissenschaftlich-technischen Praxis. Er erkannte, daß die damalige handwerksmäßig vom wissenschaftlichen Laien als „Kunst" betriebene Technologie naturwissenschaftliche Einzeleinsichten gewonnen hatte, die in ihrer Tiefe und Breite weit über das Aristotelische Naturbild hinausgingen und grundlegend für neue wissenschaftliche Fragestellungen waren.[1])

Nikolaus von Kues sah mit Recht die Praxis als Mutter der Wissenschaft an, was eine umwälzend neue Ansicht war. – Das Verhältnis von Wissenschaft und Praxis ist etwa seit 1930 vielfach umgekehrt als zu Nikolaus' Zeit. Die heutige Wissenschaft schafft einen ständig wachsenden Vorlauf von Methoden und neuen Grundlagen, die dann systematisch in die Praxis überführt werden müssen.

Auf Grund dieses neuen Verhältnisses von Wissenschaft und Praxis ist die Planung des wissenschaftlich-technischen Fortschritts möglich.

Bei Nikolaus von Kues ist demnach der „Laie" als Techniker und technologischer „Künstler" (artifex) der Lehrer der Gelehrten. Der Gelehrte bekommt vom „Laien" den Auftrag, die Einsichten und Probleme des Technikers zu systematisieren und wissenschaftlich zu vertiefen.

Das grundsätzlich Neue, das der „Laie" vom Gelehrten verlangt, und zwar unter Berufung auf seine technische Erfahrung, ist der Übergang vom Qualitativen zum Quantitativen, d. h. der Beginn der messenden Naturwissenschaft als notwendiges Fundament einer sich von der reinen Spekulation befreienden Physik und Chemie. Dieser Übergang zum Quantitativen ist für Nikolaus von Kues gleichzeitig der Weg, um von der empirischen Technologie zur wissenschaftlichen vorzudringen. Die technische Praxis ist bei Nikolaus von Kues somit das große Problemreservoir und gleichzeitig das Hauptbetätigungsfeld einer quantitativ arbeitenden Naturwissenschaft. Es ist erstaunlich, wie diese Forderung unserer heutigen Auffassung über die Rolle der Wissen-

---

[1]) Wir können wohl annehmen, daß der Umfang der handwerklich-technologisch und empirisch beherrschten Welt in der damaligen Zeit unverhältnismäßig viel umfangreicher war als ihr wissenschaftlich durchforschter Teil. Nikolaus von Kues als Sohn eines wohlhabenden Moselfischers scheint mit diesen handwerklichen Künsten vertraut gewesen zu sein.

schaft in der technischen Revolution unserer Tage ähnelt.

Die „Waage“ aus dem bekannten gleichnamigen Dialog ist bei Nikolaus von Kues daher zunächst der Prototyp einer quantitativen Messung überhaupt. „Wägen“ bedeutet zunächst, einfach etwas quantitativ zu bestimmen, wobei der Kusaner fordert, daß diesem „Wägen“ systematische Fragestellungen zugrunde zu legen sind.

Hierbei zeigt sich allerdings eine historisch bedeutungsvolle Schwäche, die erst Galilei und seine Zeitgenossen 250 Jahre später zu überwinden begannen. Alle Meßvorschriften des Kusaners beschreiben Nullmessungen. Nikolaus von Kues fordert nur den Vergleich der Gewichte verschiedener Körper, also die Bestimmung von relativen Gewichten, Dichten usw. Er hat nicht die Idee der Einführung eines geeichten Gewichtsatzes bzw. allgemein nicht die der Einführung eines Systems von Einheiten und Normalmaßen, auf die sämtliche Meßergebnisse bezogen werden können. Es sei bemerkt, daß auch noch die Klassische Physik nach Galilei keineswegs endgültig zu der Einführung der Absolut- an Stelle der Relativmessungen gekommen ist, sondern daß dies erst einer hundertjährigen Entwicklung in der Klassischen Physik bedurfte. (Es ist in diesem Zusammenhang interessant, daß die physikalischen Gesetze mathematisch zunächst nicht als Gleichungen, sondern als Proportionen formuliert wurden.) Im Rahmen dieser Einschränkungen ist aber Nikolaus von Kues zu erstaunlichen Einsichten über die Bedeutung der quantitativen Messungen für Physik und Chemie gekommen. Auch wenn man das Kusanische „Wägen“ wörtlich nimmt, sind die Mehrzahl der von ihm im „Waage“-Dialog beschriebenen Experimente prinzipiell ausführbar und führen tatsächlich zu physikalisch wesentlichen Einsichten.

Nikolaus von Kues arbeitet scharf die Begriffe Gewicht, Volumen, Dichte und spezifische Gewicht heraus, wobei das spezifische Gewicht ganz modern auf das Wasser als Vergleichskörper bezogen wird. Er erkennt, daß

— wie alle Stoffe — auch die Luft ein spezifisches Gewicht besitzt. Ferner gelangt er zu der Einsicht, daß das spezifische Gewicht eines Körpers sowohl von der stofflichen Zusammensetzung des Körpers abhängt als auch von seinem physikalischen Zustand, also eine Zustandsgröße ist.

Nikolaus von Kues bemerkt weiter, daß jede stoffliche Umsetzung quantitativ verfolgbar und mit einer Änderung des Gewichtes oder der Dichte des Körpers verbunden ist. Er gelangt explizit zur Forderung der wägenden Chemie, die in der fachwissenschaftlichen Entwicklung erst über 300 Jahre später durch Lavoisier begründet wurde.

Darüber hinausgehend kommt Nikolaus von Kues auch noch zu der Erkenntnis, daß im Prinzip jeder in der Natur vorkommende makroskopische Körper eine andere stoffliche Zusammensetzung besitzt und daß diese Differenz in der stofflichen Zusammensetzung schließlich quantitativ erfaßt werden kann und sich dabei als wesentlich für die qualitativen Eigenschaften des Körpers erweisen wird. Dies sind Vorstellungen, wie sie in der modernen Physik des Realkristalls in den letzten Jahrzehnten systematisch entwickelt wurden.

Nikolaus von Kues hebt ferner die wichtige methodische Einsicht hervor, daß zur Feststellung einer bestimmten Eigenschaft eine Mehrzahl von unabhängigen Methoden sicherer ist als die ausschließliche Verwendung einer Methode und daß es notwendig ist, das mit einer Methode gewonnene Ergebnis durch eine andere unabhängige Methode nachzuprüfen. (Das ist eine Erkenntnis, die z. B. einen der aktuellsten Zweige der Physik, die Plasmaphysik, besonders betrifft. Meist dann angebracht, wenn eine starke Rückwirkung des Meßmittels vorliegt.) Er ist sich auch darüber klar, daß die quantitative Physik und Chemie niemals zu völlig exakten Ergebnissen kommen kann, sondern stets nur zu einer verbesserten Genauigkeit.

Letztere Erkenntnis ist bei Nikolaus von Kues ein

prinzipielles Ergebnis seiner Philosophie, die in der damals möglichen Form der Vorwegnahme der Einsichten des dialektischen Materialismus den allseitigen Zusammenhang aller Körper und Prozesse konstatiert, so daß nach NIKOLAUS VON KUES jeder Körper im Prinzip das gesamte Universum widerspiegelt. Jeder Körper ist also grundsätzlich unerschöpflich. Die vollständige Erkenntnis der Eigenschaften eines Körpers würde gleichzeitig die vollständige Erkenntnis des gesamten Alls implizieren. Aber dieser allseitige Zusammenhang schließt nicht die sukzessiv fortschreitende Erkenntnis des Einzelgegenstandes aus. Vielmehr sind in bezug auf einen Körper und in bezug auf bestimmte Eigenschaften dieses Körpers einige Beziehungen wesentlich, während andere eine quantitativ untergeordnete Rolle spielen, jedoch können diese bei fortschreitender Fragestellung auf einem tieferen Niveau dann von großer Bedeutung sein.

Auf Grund dieser allgemeinen Einsichten in die Wissenschaftsmethodik, die u. E. in ihrer Tiefe die weit späteren von FRANCIS BACON übertreffen, kommt NIKOLAUS VON KUES völlig folgerichtig zu speziellen Einsichten über einzelne physikalische und physiko-chemische Zusammenhänge, die nun in jeder Hinsicht nicht nur weit über die Naturwissenschaft der damaligen Zeit, sondern auch über die der nächsten Jahrhunderte hinwegreichen. Er spricht z. B. von einem quantitativ verfolgbaren Zusammenhang der integralen Sonnenstrahlung mit der Quantität und der stofflichen Zusammensetzung der Getreideernte.

NIKOLAUS VON KUES fordert quantitative Methoden in der Meteorologie und in der Geologie. Er verlangt auch eine quantitative Biophysik als wissenschaftliche Grundlage der Medizin.

Andererseits gibt NIKOLAUS VON KUES aber auch konkrete Maßvorschriften an, die tatsächlich Messungen beschreiben, die grundlegend für die klassische Physik wurden. Hier sind besonders wichtig die von ihm aufgezeigte Möglichkeit der quantitativen Messung der Zeitdauer periodischer Prozesse und die Vorschrift für eine quantitative Messung von Geschwindigkeiten. Beides geschieht bei NIKOLAUS VON KUES mit Hilfe einer Wasseruhr, und die von ihm angegebenen Vorschriften sind im wesentlichen diejenigen, die GALILEI bei seinen Grundversuchen zur Zeit- und Geschwindigkeitsmessung tatsächlich benutzt hat.

Ferner schreibt NIKOLAUS VON KUES in der „Waage" eine magnetische Waage, nämlich das Prinzip der Messungen von CAVENDISH und COULOMB, die in der zweiten Hälfte des 18. Jahrhunderts zur quantitativen Bestimmung der Schwerkraft der Erde sowie zur Entdeckung der COULOMBschen Gesetze für Elektrizität und Magnetismus führten.

Auf Grund der klaren Einsicht, die NIKOLAUS VON KUES über das Verhältnis von Volumen, Dichte und Gewicht hatte, formulierte er das geniale Prinzip einer „physikalischen Integration". Ein Beispiel ist die Bestimmung von Flächeninhalten durch Wägen, wobei die Fläche durch einen annähernd homogenen Körper mit bekanntem spezifischem Gewicht realisiert wird.

Die hiermit zusammenhängenden Untersuchungen NIKOLAUS VON KUES' über die Grundlagen der Mathematik können nicht Gegenstand unseres Vortrages sein.

Wir müssen aber hervorheben, daß die Einführung der messenden quantitativen Methode in die Physik bei NIKOLAUS VON KUES auch durch sein kosmologisches Prinzip fundiert wird, das nämlich das grundlegende Axiom der modernen Wissenschaft impliziert: In jedem Bereich des Weltalls gelten prinzipiell dieselben Naturgesetze, die mit denselben universellen Methoden zu erforschen sind. Die Übernahme des Quantitativen von der Astronomie in die Physik bei NIKOLAUS VON KUES ist so auch eine Konsequenz seiner Kosmologie.

NIKOLAUS VON KUES formulierte sein grundlegendes kosmologisches Prinzip in der Aussage, daß „jeder Punkt des Alls gleichweit von Gott entfernt sei". Die mathematische Verschärfung dieser philosophischen

These ist das Kusanische Axiom, daß jeder Punkt des Kosmos als Mittelpunkt einer unendlich großen Sphäre angesehen werden kann. Hieraus folgt dann sofort die prinzipielle Gleichberechtigung aller Punkte und Richtungen im All und damit das völlige Negieren eines qualitativen Unterschiedes zwischen der irdischen und der himmlischen Physik. In allen Punkten der Welt gelten dieselben Naturgesetze, die mit denselben Methoden quantitativ erforscht werden müssen.

Das Revolutionäre dieser Einsicht NIKOLAUS VON KUES' erkennt man durch ihre Gegenüberstellung zum herrschenden Aristotelisch-Ptolomäischen Weltbild. Dieses Weltbild hat als physikalische und naturphilosophische Grundlage die Behauptung eines Qualitätsunterschiedes zwischen der Physik auf der Erde und der Physik im Kosmos. Ferner behauptete ARISTOTELES einen prinzipiellen Unterschied zwischen den Bewegungsrichtungen: Die Radialbewegungen von „unten nach oben“ und von „oben nach unten“ sind im Aristotelischen Kosmos ausgezeichnet.

Somit war der Aristotelische Raum in seiner inneren Struktur völlig verschieden vom euklidischen Raum der Mathematik. Die Aristotelische Behauptung der Existenz ausgezeichneter Raumpunkte und Raumrichtungen sowie die hiermit zusammenhängende These vom Qualitätsunterschied zwischen der irdischen und der kosmischen Physik (wobei die irdische Physik keiner quantitativen Forschung fähig war) wurden von PTOLOMÄUS als naturphilosophische Grundlage des geozentrischen Weltsystems benutzt.

Es ist evident, daß die kosmologische Einsicht NIKOLAUS VON KUES' von der Gleichwertigkeit aller Punkte und Richtungen im Kosmos und der Unendlichkeit des kosmischen Raumes ein entscheidender Schritt zur Zerstörung der Aristotelischen Kosmologie war und gleichzeitig eine notwendige Voraussetzung für die Möglichkeit einer mathematischen Physik einerseits und einer Himmelsmechanik andererseits ist.

Das kosmologische Prinzip NIKOLAUS VON KUES' (Gleichwertigkeit aller Punkte und Richtungen im Kosmos) ist das erste Relativitätsprinzip, das in der Physik formuliert worden ist, und gleichzeitig die erste Entdeckung von physikalisch grundlegenden Symmetrieeigenschaften des Kosmos.

Es ist durch BIRKENMAJER bekannt, daß von KOPERNIKUS die Kosmologie NIKOLAUS' rezipiert worden ist. KOPERNIKUS verwandte mit Glück das Prinzip der Gleichwertigkeit aller Punkte und Richtungen im Raum zur Widerlegung der peripatetischen physikalischen Argumentation des PTOLOMÄUS.

Tatsächlich hat NIKOLAUS VON KUES durch sein kosmologisches Relativitätsprinzip den unendlichen, homogenen und istropen euklidischen Raum aus der Mathematik in die Physik eingeführt. Seine These von der Unendlichkeit des Alls geht über KOPERNIKUS hinaus und wurde erst von GIORDANO BRUNO unter ständiger ausdrücklicher Berufung auf NIKOLAUS VON KUES weiterentwickelt.

In der Aufstellung dieses kosmologischen Prinzips möchten wir die Bedeutung NIKOLAUS VON KUES' für die Astronomie sehen. Erwähnt sei nur noch, daß NIKOLAUS VON KUES selbst als Konsequenz seines Weltbildes die alte Pythagoräische Lehre von der Rotation der Erde um ihre eigene Achse wieder aufgenommen hat. Er war aber im Gegensatz zu KOPERNIKUS in der Astronomie und in der Mathematik (sphärische Trigonometrie) nicht Fachmann genug, um aus seinem kosmologischen Prinzip konkrete astronomische Konsequenzen ziehen zu können. Zu dieser Entwicklung waren die Fachastronomen notwendig, deren Werk in den Arbeiten von KOPERNIKUS, KEPLER und NEWTON gipfelte.

Somit zeigt NIKOLAUS VON KUES' Behandlung sowohl der Physik als auch der Astronomie seine Größe und seine Grenzen. Wir sind der Ansicht, daß sich Größe und Grenzen bei ihm gegenseitig bedingen. Der große naturphilosophische und wissenschaftsmethodische Ausblick, den das Werk Nikolaus von Kues' enthält, konnte von einem in der Spezialforschung tätigen Gelehrten seiner Zeit nicht gewonnen werden. Die Tiefe der Kusanischen Einsichten beweist die Bedeutung eines umfassenden philosophischen Weltbildes für die Entwicklung der Naturwissenschaften.

Literatur

V. A. AMBARZUMJAN, Über Entwicklungsprozesse im Universum. Sitzungsber. d. AdW d. DDR, 15 N, Berlin 1975.

N. BOHR, Faraday-Lecture 1930. J. Chem. Soc. (1930) 349.

N. BOHR, Atomtheorie und Naturbeschreibung. Braunschweig 1931.

N. BOHR, Atomphysik und menschliche Erkenntnis. Teil I und II, Braunschweig 1958 und 1966.

L. BOLTZMANN, Die Unentbehrlichkeit der Atomistik. Ann. d. Phys. *60* (1897) 331.

M. BORN und A. EINSTEIN, Briefwechsel. München 1967.

P. A. M. DIRAC, The Principles of Quantum Mechanics. Oxford 1947.

A. EINSTEIN, Geometrie und Erfahrung. Berlin 1921.

A. EINSTEIN, Über spezielle und allgemeine Relativitätstheorie. 21. Aufl., Berlin und Braunschweig 1969.

A. EINSTEIN, Aus meinen späten Jahren. Stuttgart 1952.

A. EINSTEIN, Mein Weltbild. Zürich 1972.

A. EINSTEIN, Theoretische Atomistik. In: „Physik in Kultur der Gegenwart", Leipzig 1925.

A. EINSTEIN, Philosopher — Scientist. Evanston 1949.

A. EINSTEIN und L. INFELD, Die Evolution der Physik. Wien und Hamburg 1950.

F. ENGELS, Anti-Dühring. Dialektik der Natur. Marx-Engels-Werke Bd. 20, Berlin 1961.

M. FARADAY, Experimentelle Untersuchungen über Elektrizität. Bd. 1—3, Berlin 1889—1891.

V. A. FOCK, Über die Deutung der Quantenmechanik. In „Max-Planck-Festschrift 1958", Berlin 1959.

K. FUCHS, Theorie — Wahrheit — Wirklichkeit. In „75 Jahre Quantentheorie", Berlin 1977.

W. Heisenberg, Physik und Philosophie. Frankfurt u. Wien 1959.

W. Heisenberg, Was ist ein Elementarteilchen? Naturwiss. *63* (1976) 1.

H. v. Helmholtz, Einleitung zu den Vorlesungen über theoretische Physik. Leipzig 1903.

G. Hertz, Aus den Anfangsjahren der Quantenphysik. Sitzungsber. d. AdW d. DDR, 15 N, Berlin 1975.

H. Hertz, Die Prinzipien der Mechanik. Leipzig 1894.

G. Kirchhoff, Mechanik. Leipzig 1876.

F. Klein, Elementarmathematik vom höheren Standpunkte aus. Bd. 1—3, Berlin 1924—1928.

M. v. Laue, Materiewellen und ihre Interferenzen. Leipzig 1948.

M. v. Laue, Geschichte der Physik. Frankfurt 1959.

W. I. Lenin, Materialismus und Empiriokritizismus. Moskau 1947.

W. I. Lenin, Philosophische Hefte. Berlin 1971.

E. Mach, Die Mechanik in ihrer Entwicklung. Leipzig 1883.

G. Mie, Moleküle, Atome, Weltäther. Leipzig 1908.

R. v. Mises, Wahrscheinlichkeit, Statistik, Wahrheit. Wien 1972

J. v. Neumann, Mathematische Grundlagen der Quantenmechanik. Berlin 1932.

W. Pauli, Grundlagen der Wellenmechanik. Handbuch d. Physik, Bd. XX, Berlin 1928.

M. Planck, Theorie der Wärmestrahlung. Leipzig 1906.

M. Planck, Acht Vorlesungen über theoretische Physik. Leipzig 1910.

M. Planck, Wege zur physikalischen Erkenntnis. Bd. 1 u. 2, Leipzig 1943.

M. Planck, Akademie-Ansprachen. Berlin 1948.

H. Poincaré, Letzte Gedanken. Leipzig 1913.

R. Rompe, Zur Geschichte der Quantenphysik und der Technik in den ersten Jahrzehnten des 20. Jahrhunderts. In „75 Jahre Quantentheorie“. Berlin 1977.

E. Schrödinger, Determinismus in der Physik. Leipzig 1932.

E. Schrödinger, What is Life? Cambridge 1944.

E. Schrödinger, The British J. of Phil. of Sci. 1952, S. 1011.

A. SOMMERFELD, Atombau und Spektrallinien. 2 Bd., Braunschweig 1931.

H.-J. TREDER, Geometrisierung der Physik und Physikalisierung der Geometrie. Sitzungsber. d. AdW d. DDR, 14 N, Berlin 1975.

H. WEYL, Gruppentheorie und Quantenmechanik. Leipzig 1931.

H. WEYL, Philosophie der Mathematik und Naturwissenschaft. Wien 1966.

„Physiker über Physiker". Bd. I. Laudationes, Bd. II. Antrittsreden und Nachrufe. Berlin 1975 und 1979.

Namenverzeichnis

Die Autoren

- legen dar, daß die Aussagen der Physik höchste Allgemeingültigkeit besitzen, welche aber auf Kosten der Vollständigkeit des physikalischen Weltbildes erreicht wird

- zeigen, daß die Methodik der Physik exemplarisch ist für die exakte Naturforschung überhaupt; sie vereinigt Empirie und Theorie, Induktion und Deduktion, mathematische Modellierung und Axiomatik

- führen aus, daß diese Grundprinzipien des physikalischen Denkens und Forschens sich vor allem aus den Werken und Reflektionen der großen Physiker erhellen, die Orientierungen für zukünftige Entwicklungen geben.

- verdeutlichen, daß die Einheit der Physik in Theorie und Methodik ihr Äquivalent in der Einheit ihrer Wirksamkeit in Wissenschaft und Technik hat.

WISSENSCHAFTLICHE TASCHENBÜCHER